意林励志 典藏系列

◆一则故事,改变一生◆

意林励志·典藏系列

梦想101度

《意林》图书部 编

陕西新华出版传媒集团
未来出版社

意林励志·典藏系列③

图书在版编目（CIP）数据

梦想101度 /《意林》图书部编. -- 西安：未来出版社，2019.6

（意林励志.典藏系列）

ISBN 978-7-5417-6733-3

Ⅰ.①梦… Ⅱ.①意… Ⅲ.①成功心理-青年读物 Ⅳ.①B848.4-49

中国版本图书馆CIP数据核字(2019)第082033号

梦想101度
MENGXIANG 101 DU　　《意林》图书部 / 编

编　　者：《意林》图书部	总 策 划：李桂珍
执行策划：陆三强　杜普洲	丛书策划：唐荣跃　徐　晶
丛书统筹：赵党玲	责任编辑：陈丹盈
特约编辑：肖桂香	美术总监：资　源
美术编辑：许　歌　郭　宁	封面设计：资　源　李雪菲
封面供图：站酷海洛	技术监制：宋宏伟　刘　争
发行总监：樊　川　王俊杰	宣传营销：陈　欣　贾文泓
出版发行：未来出版社	地址邮编：西安市丰庆路91号（710082）
电　　话：029-84288355	印　　刷：天津中印联印务有限公司
经　　销：全国各地新华书店	开　　本：710 mm×1092 mm　1/16
印　　张：16	总 字 数：305千字
版　　次：2019年6月第1版	印　　次：2019年6月第1次印刷
书　　号：ISBN 978-7-5417-6733-3	定　　价：39.00元

版权所有，翻印必究

（如发现印装质量问题，请与承印厂联系退换）

目录 CONTENTS

梦想规划，别做那只迷途的候鸟

你退场的姿态，就是你的格局 | 003

青春期少废话，多读书 | 006

你的天分在哪里 | 008

懒得做个正常人 | 010

聪明的孩子，提着易碎的灯笼 | 012

为什么你如此勤奋，学习效果还是不太好 | 014

什么才叫真正的见机行事 | 016

去喜欢自己的"不够可爱" | 018

钱不会让人进步，梦想才会 | 020

没有人会永远年轻，但永远有人正年轻着 | 022

不要小看 30 天 | 025

成长就是坚持自己想做的，努力成为自己想成为的 | 026

马蹄子与北海道男人的选择 | 028

最没有价值的一门课 | 030

你所不知道的日本社会"15 分钟规则" | 032

毕啸天：讲科学的"清华第一段子手" | 036

为什么学理工的女生少 | 039

经济学家送你明星的吻 | 042

慢的先到达 | 044

你拿的刀，没有一把是锋利的 | 046

每七年，关一年 | 048

人的脚步声 | 050

为什么机场书店卖的都是成功学 | 053

去做一份让你变美的工作 | 056

保持可爱，才最珍贵啊 | 058

先吃最喜欢的菜，否则有吃不到的风险 | 060

目录 CONTENTS

修炼情商，加速驶入人生超车道

- 当坏事发生时，你需要知道的五件事情 | 063
- 无人见处的优雅 | 066
- 耐看女子如花开半枝 | 068
- 朋友圈你最喜欢的那个人 | 070
- 蜘蛛网 | 072
- 哈佛"反思课"，最昂贵的能力往往"零学分" | 074
- 太乖实在很危险 | 076
- 什么都没做，却要承担后果 | 078
- 好运气会被用完吗 | 080
- 别再问孩子"长大后想做什么" | 082
- 没有朋友的女孩 | 084
- 如果你想在朋友圈拉黑你爸妈 | 088
- 长跑与情商 | 092
- 怀念吃盒饭的日子 | 094
- 迟到行为学 | 096
- 生而为人，我很抱歉 | 098
- 敬畏规则 | 100
- 缴学费的人生 | 102
- 我的"冰雪奇缘" | 104
- 你的美好，请勇敢而坚定地绽放 | 106
- 当你不喜欢，你就不习惯 | 108
- 苏轼：低情商大炮 | 110
- 表情包很多的你，表情却很少 | 112
- 我最好的朋友，是我的内心戏 | 115
- 别人出糗了，你尴尬什么 | 118
- 坏天气也是风景 | 120
- 真正的陷阱 | 122

目录 CONTENTS

你的努力，要配得上你的野心

每进一步，世界都会多给你一条退路 | 125

22 岁，他回学校读高中 | 128

不只是努力，而是要拼尽全力 | 130

为什么有人跑完步必须发朋友圈 | 134

知识付费，是给懒惰充值 | 136

什么都不信，可能是见识太少 | 138

唐帅：中国唯一的"手语律师" | 140

成功学大师鲁滨孙 | 144

赚钱大计 | 146

我那严谨的德国小伙伴们 | 148

点赞也要有资格？ | 152

和古代学生比辛苦？对不起，你们输了 | 154

一只鸟惊险的 68 天 | 158

愉快是基本标准 | 160

新闻发言人是如何"炼"成的 | 162

"死磕"也是一种极致 | 166

真正的人生，是不拒绝成长的邀请 | 168

一条敢于活埋自己的鱼 | 170

独自战斗，独自通关 | 172

你的不优秀，都是因为在"假装努力" | 174

人为更加美丽而活 | 176

总有人拼尽全力地活着 | 178

我必须追上去 | 180

目录 CONTENTS

你的弯路，最后都是你的礼物

越过青春的徒劳无功 | 185
哥伦布为什么伟大 | 188
见墓如面 | 191
穿碎花裙的胖姑娘 | 194
在我的认知当中，失败很重要 | 196
冰激凌与阿基米德 | 198
我在北欧当公务员 | 200
谢谢你，人生中第一场暴击 | 202
暗　语 | 206
为什么短裤和长裤一样贵 | 208
改变我命运的一块小石头 | 210
在比利时看马背捕虾 | 212
NBA 替补席潜规则 | 214
荷兰人的书香生活 | 216
手　表 | 218
天分很重要，没有也别害怕 | 220
斤斤计较不伤情 | 222
"你真漂亮"里的外交攻防 | 224
跑步救了我 | 226
怕被拒绝？被狠狠打过脸就好了 | 228
在马赛马拉被大象追杀 | 231
烤肉与烤肉，是不同的 | 234
何必等到失去，才后悔没有珍惜 | 236
遇见百分之百女孩 | 240
读书可以改变的那部分命运 | 243
成年人就不要再用"原生家庭"当挡箭牌了 | 246
我们不是认输，只是放过了自己 | 248

梦想规划，别做那只迷途的候鸟

MENGXIANG GUIHUA

如果你有梦想，就去实现它；如果还没有，就该找到它。你还年轻，人生还有无限种可能，你可以朝着喜欢的方向，努力过上你想要的生活。

你退场的姿态，就是你的格局

□ 陶瓷兔子

> 入场的时候，谁不是春风得意踌躇满志，恨不得将最好的自己端着捧着展示给人看。

1

一个做新媒体的小朋友刚离职不久，就在微信上拜托大家帮忙问问有没有合适的公司，想尽快入职。

我跟小姑娘打过两次交道，觉得她做事认真，能力也不错，就把她推荐给这段时间合作的一个平台。他们很快对接上，小姑娘欢欢喜喜地准备坐收入职通知，可那家平台的负责人却悄悄来找了我。

一开口就是致歉，说小姑娘很优秀，但跟他们公司的定位不大吻合，所以很遗憾不能录用她。

这明显是个搪塞的借口，在我的再三追问下，那位负责人才发了几张图片给我。

那是小姑娘在朋友圈吐槽前公司：

天天晚上干到9点，周末单休还要加班，11点老板还要"夺命连环call"，完全没有自己的生活，这不是工作，这是卖身！

不就是弄错了一个文案嘛，还要扣我钱，这公司是穷疯了吧！

老员工甩锅，新员工挨骂，呵呵，这就是我们公司的文化。

连着好几条，都是她离职之后发的，点赞的人不少，有人在留言里打听那家公司的名字，她也不遮掩，如实相告。

"你也知道我们这行，本来做的就不是钱多事少离家近的工作，加班挨骂熬夜还不是常态。她要是哪天从我们公司走了，是不是也得在朋友圈把我们骂一通？"那位负责人无奈地叹了口气，"为了招一个人，坏了公司的名声，这责任我担不起，请你见谅。"

我表示理解，同时委婉地提醒小姑娘，最好能删掉朋友圈里的那几条文字，或者改成仅自己可见也行。

没想到她却回得理直气壮："凭什么呀？我反正都走了，受了那么久的气，说说还不行！"

对啊！反正都走了，没人能骂你了。可是说了又能怎么样呢？除了吓走潜在的雇主之外，难道还能等到前公司的一句道歉不成？

2

一个做互联网的朋友，从毕业开始就在一家创业公司卖命，跟着老板一路从三个人的临时组合打拼到如今上百人的团队，漂亮地完成了很多盈利的项目。

去年年初，公司拿到了第二轮风投融资，开始商量股权分配的问题，可是于公于私都该属于他的那一份，却无端地缩了水。

他觉得委屈，跟老板沟通了几次但未果，正好猎头公司手上有一份更好的工作，他决定跳槽。

有次我们吃饭，席间有同行朋友听说了他的遭遇，纷纷替他鸣不平，有人支招让他把公司的机密文件拷贝一份，作为自己去新公司的投名状；有人主动提出在微博上替他曝光这家公司，让他趁早搜集一些对自己有利的证据资料，到时候来个漂亮的反手杀。

可无论大家怎么说，他始终摆手拒绝，说："我一毕业就进公司，从什么也不会到现在能独当一面，也是公司给我的平台和机会。虽然这样走了很遗憾，但也算是互相成全吧。"他将所有与工作相关的文件归档整理好，手把手地跟继任的小姑娘做好交接之后才走。

他走的那天，老板专程追出来递给他一个沉甸甸的大红包，他也笑笑接了。

那一点钱，比起他应得的股权不过九牛一毛，可那也不仅是钱，还是一个人的歉意与领情。

他在新公司顺风顺水，几乎是以开火箭的速度做到了部门总监级别，有次跟公司的总裁吃饭，感谢对方一直以来的提拔，而总裁一笑："一开始我其实并不敢把这么多东西交给你，是×××拍着胸脯跟我说你没问题，×××那是什么人啊！能让他说好的人，肯定得非常好才行，所以才让你试试的。你果然没让我失望。"

而×××，就是他前老板的名字。

这两句简单的对话，让他惊出一头冷汗。

原来总裁跟前老板是认识的啊！原来他们真的会在背后谈起我的啊！

每个行业的圈子都比你想象的更小，正因如此，离开时更需要体面。

3

前段时间看世界杯比赛的时候,被日本刷了一拨儿好感。

日本队在跟比利时的比赛中落败,止步十六强,遗憾地离开了世界杯的赛场,镜头扫过日本的观众席,一片悲风苦雨。

可哭完,遗憾完,他们还是坚持清扫了自己座席前的垃圾才离去,而日本队更是将更衣室都清理得干干净净才走,并用俄语在更衣室中留下一张小字条:谢谢你。

我自认为不是个粗心草率的人,每次无论是看电影还是听讲座,总能记着带走手边的所有垃圾。

但也有例外,有次趁着出差的空当去看了一场电影。身后一直有小孩子吵闹,电影院冷气也不足,熬完那场又闷又吵的电影,散场时看到前排丢着很多垃圾,我也索性将自己手上的零食袋放在了凳子下方,心里恶狠狠地想:以后再也不会来这家了。

因为再也不会来,所以才会生出不必负责的轻慢。

我是那种因为"反正不会再相见"而难免懈怠的人,可有的人,却是因为"反正不会再相见"而更加认真地对待离别。

可是离开,仅仅是不再见而已吗?

或许,那也是你能留给别人的最后也是最好的印象。

它比第一印象,更能证明你是谁。

4

我有一位女友,从小学芭蕾舞,老师教她们谢幕时脚尖要微微踮起,身体左倾30度,鞠躬抬头微笑眨眼,就连挥手的幅度都有要求。

她不胜其烦,屡屡在退场时随便摆个造型完事,被老师拉出来特训谢幕30次,她委屈地辩解:"大家都等着看下一个表演呢,谁会注意我们谢幕的姿势好不好看?"

而她老师的那句话,她记了20年:"如何上场,靠的是本事,可如何退场,靠的却是态度。"

是啊!入场的时候,谁不是春风得意踌躇满志,恨不得将最好的自己端着捧着展示给人看。可退场的时候,难免因为不会再见和不必负责的告别感而生出懈怠和轻慢。

而对大多数人来讲,那并不是不可为,而在于愿不愿意做。

你离开时的姿态,就是对自己最好的证明。

是否愿意在别人看不到的地方下功夫,才是一个人的素养之所在。

那是一个人的选择,更是一个人的格局。

青春期少废话，多读书

□沈嘉柯

> 杨绛女士如此回答："你的问题主要是读书不多，而想得太多。"

我很喜欢去学校讲座。每一次讲座，都会擦出小火花。有一次，我去一所大学讲座，短短一个小时，遇到了一个有趣的问题。

这是一个看起来挺严肃的男孩提的。他说："我没看过你的书，你能用一分钟说出让我喜欢你的书的理由吗？"

我听了这个问题，忍俊不禁。我想了一想，回答他说："我倒是想反问你一个问题：你为什么要喜欢我的书呢？你平时看书多吗？"

那男孩呆了，只回答说："我平时不怎么看书。"

我猜，绝大多数作家学者教授或者社会名流去大学讲座，大概都是希望自己的产品被喜欢的。

而我，没有那么强烈的希望。

如果你看过我的书，觉得很好很喜欢，那就不会问这个问题。如果你没看过，我们彼此陌生，那就会有两个选择，第一个选择是，可以去尝试一下；第二个选择是，完全不去看，没有为什么，就是不想看。

读书这种事情，本来就难以勉强。

那个男生后来摸摸自己的脑袋，也笑了。他说，那他去试试。

要我说，读书只有一个最大的真相。

在我的大学时代，我几乎不挑选，遇到什么就看什么，来者不拒。不管是《博尔赫斯七席谈》，还是泰戈尔的《飞鸟集》，不管是美国大法官波斯纳的文丛，还是黄易倪匡亦舒金庸的爽快文字，都看得不亦乐乎。

哪怕我自己出了很多书，做了很多年的编辑，我也觉得，我读的书太少了，远远不够。

钱钟书的妻子杨绛女士，也曾经被年轻人问过，觉得人生迷茫不知道怎么办。杨绛女士如此回答："你的问题主要是读书不多，而想得太多。"

我觉得吧，想得太多不是毛病。想得多说明爱思索，如果搭配上读得多，那就没问题了。

人生并不是只有童年才烦恼，烦恼贯穿漫漫路途的全程。我们需要用一辈子去学习。

读到足够多，你甚至可以领悟到，哦，为什么这个作家这样写，为什么那个作家不这样写；为什么这个作家令你悲从中来，此生哀伤，长夜痛哭，那个作家令你明理觉悟，启发智力；还有的作家令你开窍，不再畏惧孤独寂寞，成为勇士。

金庸写小说，虚构了一个绝世高手叫黄裳。这人本是个宫廷文官，对武功一窍不通。但他的工作是编辑道家经书，因为害怕皇帝发现差错，一边校对，一边博览群书，统统读透了。不知不觉很多年后，他无师自通，写出了一本《九阴真经》，堪称天下武学的巅峰。此后什么华山论剑，什么东邪西毒南帝北丐中神通，这些大高手都仰仗这本书，修习这本书，以实现自己的野心或梦想。

那些给你开书单、列十大必读书的做法，都是瞎忽悠。那些跟你说自己很不爱看书，却文章写得很好，口才棒棒的，做事有条理，思考能洞察的人，都是骗你的。人家闭门练功，出门制敌，成为人生赢家。这种人，就与学生时代动不动考得很好，却跟你说自己没看书天天在玩的人一样，都有很深的心机。

读书如吃饭，在青春发育期，少废话，少挑食，多吃多读，你的心智才会饱满强壮，才会有丰盛的知识去面对人生。

你的天分在哪里

□张佳玮

> 许多人大概时不时会感叹：我小时候什么都会，后来就抛下了；如果一直坚持，也许就……

米兰·昆德拉的父亲是捷克大音乐家亚纳切克的徒弟，米兰自己少年时就跟父亲学钢琴，然后进修作曲和声学。之后在大学，他学了影视编导。最后，在29岁，他开始写自己的第一部小说《玩笑》，然后一发而不可收，成为我们都知道的大师。

他自己后来陈述过他对音乐和小说的混杂爱好。首先，少年时，他觉得自己不能不写小说，音乐无法满足他的表述需求；但他的小说又大多带有音乐的复调结构，七章循环。他念叨说，自己并不是故意把所有小说都写成七章的。"我一直想摆脱七章的宿命……但这是一种深刻无意识的不可理解的必需。"

艾略特的巨作《荒原》是他在银行工作时写的。马尔克斯早年在哥伦比亚当记者，而他的本行学的是什么呢？是在哥伦比亚国立大学学的法律。

许多时候，你以为是尝试了一点新东西，并不知道那其实才是你真正的人生宿命——此前的一切，都只是为了等这一刻到来。擅长什么与天分何在，其实还不一定是一回事。

一些人擅长什么似乎显而易见。比如，看见个子高的，大家都会建议"去打篮球，打排球，当模特"；看见长得好的，"去做模特，去当演员"；多少父母看见孩子口齿流利，就喜滋滋，"可以去做演讲，说评书！"我还见过孩子父母志得意满地说："钢琴老师都说我家孩子手生得好，可以去弹钢琴！"

每个人或多或少都有过超乎其他人的一技之长。早熟的孩子比别人长得高啦，音准好的孩子擅长唱歌啦，不一而足。许多人大概时不时会感叹：我小时候什么都会,后来就抛下了;如果一直坚持,也许就……的确如此。每个人都可能有隐藏的技能没被发觉呢。但那是天分吗?不一定。

许多运动员有天赋,有普通人羡慕无比的天赋;但我接触过的一些运动员自己承认并不热爱这项运动。

但行内人一定明白,职业会消磨人的热情。任何一个爱好一旦成为职业,一定会让人因为例行公事而倦怠。倦怠之后,还有支撑着他们继续下去的热情,才是真爱。许多行业尖子被采访时,常说:"你要热爱这行。"一般人听了觉得是敷衍,入行了,谁还不够热爱呢?其实这后面是另一句:"……热爱到当了职业还能不讨厌。"这句话太残忍,许多人是说不出口的。所以事实是,兴趣、热情与持久不懈的能力,在长期来看,才是最重要的天分。

每个人可以擅长许多东西,可能有许多技能,会被人啧啧称赞,但除非你在这方面确实是万中无一的天才。否则,从长期来看,你真正的天分隐藏在那件你闲暇下来依然会做的事情,那件你可以拿来抵抗抑郁与不安,可以持续做许多年而历久不倦还感受到乐趣的事情,那就是你真正的天分所在。

懒得做个正常人

□陈思呈

> 如果说热力学定律让生物本能地偷懒，那么，一定要有另外一种更强大的定律，才能驱使生命生生不息。

人总是有点这样那样的毛病，我朋友陆小冰从小患的毛病叫：习惯性优秀综合征。

成绩好也就罢了，问题是文科和理科同样好，别人分文理科的时候想的是"啊，我终于可以摆脱可怕的元素周期表了"或者"啊，我终于可以摆脱烦人的孟德斯鸠了"，她苦恼的则是："唉，我究竟是舍弃硫酸铜、碳酸氢钠呢，还是舍弃尼布楚条约、托尔德西里亚斯条约呢？"每每想起她当时那副左右为难纠结不已的样子，我直到现在还是很想揍她一顿。

她喜欢同一时间段内有几门课要考试，她说，几门课同时复习备考，所有的信息会呈"浓缩性密集型吸收"，能在头脑里产生各种碰撞，然后爆炸，然后就记得特别牢。

她还喜欢把试卷上所有的附加题全做了。那些附加题往往是"四选一"之类，她全做了并且全做对了，老师一下子不知该给多少分了，满分是一百分，总不可能给她一百四十分吧？所以说，学习太好，有时候也挺为难老师的。

我从小与她关系好，目睹她一路狂奔在优秀的不归路上，眼看着她变成了传说中的科学家，她的高深的研究我一无所知，只知她每天都要在实验室里待到深更半夜，完全过不了正常人的生活。

她们实验室外面多年以前是个坟场，所以有一次，她半夜打的，的士司机不断从后视镜观察了很久，在她下车前才吐露心声：我刚才以为你是个女鬼呢。

说到这里，我隐隐听到有人撇嘴了：所为何来呢？都耽误"生活"、影响家庭了。是的,很多人鄙视学霸和工作狂的原因就在此,他们觉得学霸和工作狂很可怜,不能过正常生活,不幸福。人们想象幸福生活的模式,总要配备常规化的休闲项目,配备常规化的享乐。这么想的热心人,我们在剩女之辩中也见过很多。

  有一次,陆小冰很专业地对我讲她的"习惯性优秀综合征"。她说,有一种设置在基因里的生物本能,与物理的本能对抗。如果说热力学定律让生物本能地偷懒,那么,一定要有另外一种更强大的定律,才能驱使生命生生不息。

  事实上,这个人令我很羡慕。不只羡慕一个陆小冰,是羡慕所有那些在奇怪的生活方式里一头扎下去的人。在她习惯性做完全部附加题的少年时代,她就具备了"懒得做个正常人"的心态了。

聪明的孩子,提着易碎的灯笼

□ 刘 同

> 我人生的第一群朋友,因为落寞而相识,说起来好像挺心酸。

在门卫室做完登记,穿过两扇大铁门,直走五百米,眼前就是一大片平房住宅区。住宅区被纵横交错的小道分隔成一小块一小块,从眼前正中的小道走进去,快到第二个小十字路口时,能听到一阵狗吠;然后左转,径直走到第二个小十字路口再右转,迎面是一棵很大的开着灯笼花的树,树的后面就是继承的家。

无论时间过去多久,我都记得去他家的那条路。

上小学时我去他家老迷路,出来时也会把自己绕晕。四年级的某一天,继承给我画了一张去他家的地图,标出了各种十字路口,在地图右下角的空白处写了一首"诗",方便我背诵:迎面小路一直走,经过两个小路口,左转那家有条狗,不用害怕继续走,又是两个小路口,右转那家没有狗,我家就在大树后。我念了几遍,笑得直不起腰。我问:"这哪里是诗啊?"

他脖子一梗,说:"我爷爷说,只要是七个字,又押韵,能把事情说清楚,就是诗。"

那时我对很多东西都没有概念,每当提出一个问题,只要有人能煞有介事地解答,在我看来都是值得信任的。继承就成了我理解这个世界最重要的桥梁之一。

小学时,跟我玩得好的有三个男同学。每天下午放学后,我们都会坐在学校操场的双杠上,四个人整整齐齐排成一排,把书包挂在上面,看着放学的同学、接送的家长,还有缓缓下沉的夕阳。等人散得差不多了,我们才各自回家。

我父母是医生,工作太忙,没人来接我。继承跟他的爷爷住一块儿,爷爷每天要做饭,接不了他。另外两个同学是小土和小黄,双胞胎,父母都做生意,忙得顾不上接他们。

每次放学都是我们四个一块儿走,一开始是小土和小黄相依为命,然后他俩发现了继承，继承又发现了我。就像一个在海面上漂流了很久的人，终于被打捞上岸，来不及感谢，只庆幸原来在这无边无际的海面上，还有几个和自己一样的人。

对我而言，在认识继承、小土、小黄之前，每次放学都像是世界对自己的一次孤立。和他们相识之后，学校的每一次放学就成了我们对世界末日的一次成功逃离。

我人生的第一群朋友，因为落寞而相识，说起来好像挺心酸。但恰恰是因为那时我们对世界一无所知、满是疑惑，在遇见彼此之后，可以聊各种想不明白的问题，而继承努力用他的方式为我们一一解答。无论答案正确与否，好歹我们有了一个答案，所以对于未知的一切，反而比同龄人多了一些底气。

"继承，为什么每次我和同桌多说几句话，其他人就会特别大声地嘲笑我啊？"

"我爷爷说，如果你在做一件自己问心无愧的事，但是别人很不友善的话，应该是他们妒忌。"

"继承，为什么隔壁班的王铁牛那么喜欢欺负班上的同学呢？"

"因为他们班没有人敢还手，你让他来我们班试试。"

"继承，如果我考不上重点初中怎么办？"

"那就考重点高中啊！"

"继承，为什么《圣斗士星矢》里面的那些圣斗士总是打也打不死，真的被打死了又有新的圣斗士会出来？"

"如果一下全死了，你每周还买什么漫画书！"

"继承……"

"继承……"

"继承……"

每个问题都跟他无关，甚至我们都不一定真想知道答案，但每次问出来，继承总是尽力给我们一个好的答案，我从心底佩服他。

"继承，你怎么什么都知道啊？"

"因为，我有一个爷爷啊！"

"我也有爷爷，但为什么我爷爷没教我什么东西？"

"因为我和爷爷一直住在一起，这些问题我也老问他，他都是这么回答我的。"

"啊，好羡慕你能和爷爷住在一起，那你爸妈呢？"

"……"

继承的情绪突然像被摁下了开关，上一秒将整个房间照得亮堂，这一秒突然漆黑一片，人去楼空。"不早了，我们回去吧。"说完，继承从双杠上直接跳下去，将书包顺手甩在右肩上，径直往前走。

为什么你如此勤奋，学习效果还是不太好

□北辰冰冰

> 都说天道酬勤，然而没有摸清原理的"勤"，并不能带来任何实质性的改变。

1

上学的时候，总会遇到一些特别勤快的同学，小海就是其中一个。

他上课的时候总是忙于摘抄老师黑板上的笔记，下课忙于询问这次考高分的学霸同桌，用的是什么新课外辅导材料，然后急匆匆赶去书店也赶紧买回一套摆在桌面上。

但是到了考试，勤快的小海同学并没有考出好的成绩。上一次考过的类型，他这次还是做错了。

他百思不得其解，笔记也抄了，辅导书也买了，为什么成绩还是上不来？学霸同桌就问他："上次老师把错题讲解之后，你把笔记抄下来，有没有认真思考过解题方法，把原理弄懂？"

小海摇摇头："我都忙着抄笔记，哪有时间去仔细看呢？"难怪有人抄了这么多笔记，依然考不出好成绩。

都说天道酬勤，然而没有摸清原理的"勤"，并不能带来任何实质性的改变。他们只是用时间制造了一种假象，好像时间都花在了学习上，但是这种学习其实就是无用功，没有经过大脑的认真思考，只是走过场。

2

毕业以后，也遇到过这种看起来很勤奋，但是学习效率很低的同事。

凡凡想学好英语，提高职场竞争力。

偶尔在地铁遇到她，她戴着耳机在听英文原声新闻。我看着周围嘈杂的环境，真的很怀疑她能听进去多少。果不其然，她看似很认真地听着，但是眼神一直到处张望，偶尔问我几句中午吃啥或者晚上要干啥。

如此不走心的学习，不过是拿耳机在做自我安慰，蒙骗自己。

她周末也待在家里，推掉约会，说自己要背单词，现在正在背一些动物的单词，看着挺有意思。

周一碰到她时，就忍不住夸她爱学习，周末都不放过，然后随意问了一句鳄鱼的英文怎么说。她一脸蒙，然后绞尽脑汁说："我昨天确实看过这个单词来着，怎么今天一点都想不起来？"

我用略带尴尬又不失礼貌的眼神看着她："遗忘是难免的，不过你昨天背单词的时候，只是看了几次这个单词吗？"

她轻松地回答："对啊，书读百遍，其义自见。我多看几次，肯定能把这个单词背下来的。"

不知道是不是我以前背单词的方法比较笨，反正我是把单词抄了很多遍，然后每次都会把英文盖住，看中文写英文，或者是看英文写中文，不断转换多次，才记得住。反正对我来说，光看几次只能算是走马观花，不入脑不走心。

过了半年，凡凡彻底放弃了学英文，她总说单词好难记啊，自己真是年龄越来越大，记忆力越来越差。

3

现在好多鸡汤都在说"一万个小时定律"，就说一件事情，做上一万个小时，就能变成这个领域的专家了。

但是楼下那位扫地的大爷，干了三十几年的清洁工，也没有变成传说中的扫地僧。

大爷不过就是一直在重复相同的体力劳动，大脑并没有得到很好的使用。

只有经过思考的时间积累，才能取得良好的效果。

否则，别说是十万个小时，即便是三十万个小时，也很难在需要动脑的事情当中有所突破。

别让勤快的表象欺骗了自己，认真思考过的人生，才有可能走得更快更好。

什么才叫真正的见机行事

□罗振宇

> 完美是很难的，与其费尽心思去维护，不如期待过程中的惊喜。

对于做事而言，时间的作用是不相等的。正确的时间做事，事半功倍；反之则事倍功半。或许你知道这个道理，但很可能低估了它的重要程度。

开会要在上午。纽约大学曾对26000个财报会议中的用词做了语言分析。结果发现：上午开的电话会议，人们用词更正面，情绪更好；下午开，用词就会更负面。研究甚至发现，会议召开的时间，会影响第二天的股价。

如果想给人留下好印象，有事儿最好在上午说。人一天中的情绪变化，分为三段：上午达到高峰，下午经历低潮，晚上出现反弹。这个情绪变化是生理性的，所有人都是如此。

如果你是"夜猫子"，早上起得很晚，建议调整作息，也把高峰状态调整到上午。否则，可能你处于最好状态，同事却已一脸倦态，协作效果也会欠佳。

如果有特殊的、需要投入最好状态的事，不妨放在周末。因为研究显示：相对工作日，总体上人们在周末的情绪会更好。

把需要保持大脑机警、集中思维的事，放在上午。比如做逻辑题、面试、做重大决策、参加数学考试。有一项针对小学生的研究发现：下午参加数学考试，学生的得分会变低，低到一学期有两周没来上课的水平。

把需要发散思维的事，安排在下午。比如创造性的活动，需要灵感突发的工作，头脑风暴、广告创意等，这种不太需要注意力集中的工作放在下午，甚至混乱一点反而效果更好。

看病，最好在上午去。研究发现，医疗事故不是均匀分布在一天之中，医生犯的大部分错误，发生在下午。而且统计显示，医护人员在下午洗手的次数比上午少了38%，更容易造成交叉感染。

定时的"短休息"很重要。差不多工作近一小时，休息十来分钟。出门散步、找人聊天、眺望远方都可以。看电影、玩手机等消耗认知力的活动，不叫休息，它们会让你更累。

午睡不要超过25分钟。睡眠是有惯性的，醒来后会长时间昏昏沉沉。但25分钟内的小睡没有睡眠惯性，醒来后马上就很精神。据统计，下午2:55是医生最容易犯错、交通事故最高发的时间点，小睡不妨安排在这个时间点左右。

在人生大时间轴上，依然如此。决定做一件事时，要考虑的不仅是想法、情怀，更要思考现在是不是开始的时机。研究发现：在失业率10%的年份找工作，20年内平均每年要比失业率是6%时进入职场的人，少挣5000美元。

减少中间的倦怠。人们做事总是开始时很兴奋，结束时很郑重，中间比较放松。所以，最危险的恰恰是中间的倦怠期。不妨刻意把中间当作一个提醒，反而可能迎来爆发。

不要过分重视结尾。想要完美结局是个普遍的心理需求，但这可能带来心理偏见——结局在很大程度上决定我们对一件事的评价。完美是很难的，与其费尽心思去维护，不如期待过程中的惊喜。

或许你觉得，这些研究结果对你没用。但处在协同网络中，你怎么保证它对别人同样没用？所以，请精确判断，重视时机的力量。

去喜欢自己的"不够可爱"

□杨熹文

> 我变得有点"无所谓",你喜不喜欢我都没关系,重要的是我爱自己。

我有很多不想让别人知道的缺陷。

比如,我笑起来很难看。酒窝长在颧骨上,牙齿长得很崎岖。曾看过一张别人相册中我大笑的照片,表情可怖、面部扭曲,这导致我在很长的一段时间没了笑,或者刚刚有了笑意,就下意识地掩住嘴。

比如,我的腿型很难看。在最好的年纪我从没穿过裙子,总是用肥大的裤子遮身。我低着头,自卑而乏味地走过青春期。

比如,我没来由地恐高。站在任何高于1米的地方腿就会发软。乘电梯永远不敢站在最外面,唯一勇敢的时刻,就是鼓起勇气上了"海盗船",却在开始前大喊着"我要下去"。我就是这么一个胆小鬼,永远与刺激的消遣绝缘。

比如,我很抗拒人群。把我放在人群中,我就会下意识地局促,额头会渗出汗珠,脸会红成一片。我不喜欢置身于热闹中,总是在寻找一点孤独。我看起来是那么格格不入,可就是无法摆脱"一个人喝酒读书"的舒适区。

比如,还有很多比如。还有很多不想让人知道的缺陷,曾被我小心遮掩在皮囊之下。一个太过缺乏安全感的我,总是仔细辨认着别人眼中的自己——这个我,她有没有说错话?她做的事对不对?她有没有暴露缺陷?她够不够讨喜,够不够完美?

那些年我的生活重心是"做一个被别人喜欢的人",哪里有什么做自己,明明有很多想法,却表现得怯懦,明明还有一些优点,却紧紧盯着缺点不放。被家庭管教太多的孩子是否都有同样的感受?我总觉得哪里有双眼睛,对我的每一个细微动作,都要评判分数。而我,作为选手,却想成为完美本身。

读张艾嘉的《轻描淡写》，这是她的散文随笔集，其中《此时此刻》是我最喜欢的一篇。张艾嘉一生都在拍关于爱的故事，一个知性女人的文字，这一次从男女情爱过渡到最珍贵的爱——爱自己。让人读了心里感慨，原来不只是我们，任何人的成长都是个漫长的过程。成长，是不再较劲，是自我和解。

张艾嘉坦白地说起过去的故事。在与人合作拍电影的时候，当搭档的台词中出现"你那樱桃小嘴"时，全场都因这不相匹配的形容而笑翻的同时也笑伤了她的自尊心。她用了很久才从阴影里走出来，最后得出一个深刻的结论："千万不要期望全世界的人都喜欢你，千万不要相信自己可以成为一个完美的人。当我接受了自己的缺点时，反而能够更轻松、更坦然地去做我有能力做好的事。"

我没想到，这个我向往成为的女人，竟然也独自走过坎坷的心路。

那些年我没办法面对他人的目光，当别人指出我的缺陷，我会哭，会难过，会睡不着。我疯狂地羡慕别人——那些比我好太多的人——笑起来有一对酒窝的女孩，模特身材的姑娘，勇敢蹦极的年轻人，八面玲珑的社交达人……

我因此陷入了迷茫，甚至有一点抑郁，我讨厌这个不够完美的人，我不够爱她，更疏于去了解她。我没有意识到，我的酒窝长歪，眼神却是正直的；我的腿型难看，身体却是健康的；我恐惧高度，可是我对其他事情还抱有兴趣；我很害怕热闹，但我也赋予孤独足够的意义。我有很多缺陷，可这些缺陷无害，也是我独一无二的标签。

和20岁的自己相比，现在的我更可爱一些。那些爱上隐藏了缺点的我的人，早已经离开。我用几年的时间和自己和解，过程异常辛苦，却终于发现，最珍贵、最长久的情感，或者最快乐、最自由的生活，它们的根基，是一个懂得爱自己、包容自己、不会刁难自己的人。

常有年轻读者说"自己不够可爱"，见了面才知道他们是那么可爱。你可能有缺点，但你是那样特别、有性格、不乏味，让我在会面的数月后还能够记起，那是一个拥有生命力的人。

从20岁到28岁，坦率地说我更爱现在的自己。我可以毫无忌惮地笑，可以在夏天穿露腿的裙子，可以坦荡地告诉别人"我不敢站在电梯的外侧"，也可以心安理得地表达"与热闹相比，我还是喜欢孤独多一点"。我变得有点"无所谓"，你喜不喜欢我都没关系，重要的是我爱自己，我爱这个有点笨、有点天真、有点不完美的姑娘。

"任何的褒贬都不做停留"，回味张艾嘉这句话时，我正在西安宾馆的电梯中，巨幅的整容广告贴了满墙。我饶有兴致地一个个看过去，那些姑娘真好看，是整整齐齐的好看，她们有我爱的酒窝和身材，也许不怕高，还喜欢热闹的生活。我却更加坚定，这个不完美的自己之所以珍贵，是因为任何人都无法替代。

钱不会让人进步，梦想才会

□朱德庸

> 我深深相信：每个小孩那充满魔法般的童年记忆足以影响他一辈子，而就是那个记忆告诉我们："你是一个什么样的人？你的快乐是什么？"

小时候的我同时生活在两个世界里：一个是让我很不快乐的大人世界，一个是让我非常快乐的想象世界。

在大人那个世界里，我观察到的是每一张"大人"面孔上那种对生活莫名无奈的表情纹路，每一种"大人"方式里那种看起来合理其实荒谬的行为。甚至有时候，我觉得这些大人就像已经被这个世界远远抛弃在后面，只是还想假装追赶。

那种感觉令我深深害怕：随着岁月长大成人，我会不会也踏进那个大人世界，重复着他们的生活？

所以，我并不像那个年代里其他孩子一样，希望赶快长大。

在我自己的世界里，我拥有的是画画和想象。我从小住在一幢带小庭院的灰瓦平房里，那里面有我的画笔和小书桌，也是我对抗外面大人世界的秘密基地。

与我同住的是窗台上的蚂蚁军队、蜘蛛侠客，树丛里的花朵精灵，躲在床底下的梦妖精，和整天在厕所跳舞的小怪物。那是我全部的世界，我可以暑假整整两个月一步都不踏出院门。幼小的我也特别珍惜每一个暑假，因为暑假似乎是我唯一能让童年停留的方法。

当然，那些暑假终究没有真正停驻，只是成了我成年后的深刻记忆。

有这样童年世界的我长大以后，结婚、搬离老家，也面临了所有"大人"的困境。在繁忙的日子里，我尽了一切可能保有自己童年的单纯心态，从我的生活方式到我的工作方式，一直天真地、纯粹地往那个逝去的童年方向折返。

然而随着老家拆迁变化，有很长一段时间，我还是失去了我的童年，失去了那个想象世界，和所有那些陪伴我的精灵、怪物道别了。直到二〇〇〇年，随着自己小孩的成长，我重新过了一次童年。我发现：它没有忘记我，我也从未忘记过它。

我的小孩当年上的是人数很少、课业很轻松的公立小学，我和太太常带着他翘课跑去找虫、爬山、看树、玩水，甚至有一阵子他一学期的近半时间都不在学校，只是和我们在或新或旧的城市街道角落行走。

他一边走在阳光洒落的前方，一边嘴里念念有词地讲着他幻想的故事情景，回想起来这竟奇妙地成了我们一家三口共同的童年记忆。我也很喜欢听他在晚餐桌前描述他前一晚梦里的怪物。直到现在，二十几岁的他还常和我热烈讨论怎样实际画出想象的怪兽线条，这时候，我仿佛就可以看到我和他也许共同认识的某只童年想象的怪物，和那个有点困惑、有点害怕，内心却充满无限自由和想象的小孩。

我深深相信：每个小孩那充满魔法般的童年记忆足以影响他一辈子，而就是那个记忆告诉我们："你是一个什么样的人？你的快乐是什么？"只是大多数人在成长过程中逐渐偏离了自我，让"我"成了"我们"，而我们并不快乐。

也许这个时代很多人觉得，我们这个世界正在慢慢崩解，其实，我们正在经历的是整个过度发展的商业社会的一步步"失去"，失去之前曾经过度膨胀而被夸饰的某些物质生活方式。

小孩的世界是没有"失去"这件事的，因为小孩子是什么都没有的，所以更加纯粹而丰富。每个小孩活在这世上都是一无所有，只有想象力和那种生活态度——用最直接的方式思考问题，用最想象的方式观看世界。但奇妙的是，他们因此可以比"人人"们更真实地触摸到生活的各种细节，然后想象，然后游戏并且享受这个真实世界。

距离上一本《绝对小孩2》出书已经八年了，我看到这个时代更多不快乐的大人和不快乐的小孩。再画《绝对小孩3》，我想说的是：对这个时代的小孩，我希望还给他们一个能做梦的权利和环境，在那儿，大人应该退到一旁，让所有的小孩发挥与生俱来的"梦天性"。因为，钱并不会让人进步，梦想才会。

没有人会永远年轻，但永远有人正年轻着

□ 音乐水果

> 即使岁月带给他白发和皱纹，却没有带走他的热情和活力，还将斗志和干劲儿留了下来。

在悉尼机场候机时，我被告知航班晚点，于是赶紧给新西兰的房东发信息："抱歉，我可能得半夜到。"房东乐呵呵地回复："没关系，我不着急，你也别急。"

我要去新西兰环岛自驾游，基督城是第一站，需短暂停留一晚，便选择了住在当地人的家里。这是一个近距离接触当地人生活、感受文化的机会。

抵达基督城已是五个小时后，机场外漆黑一片，我跟着导航提示，以极其缓慢的速度往房东家驶去。

居民区悄无声息，当导航告诉我"你的目的地位于右侧"时，我停好车，却发现没有一栋别墅是亮着灯的。

有些心慌，锁好车后举着手电筒往最近的一栋别墅走去，想确认一下门牌号。没想到，手电的光刚照过去，整栋别墅瞬间亮了，里面有个人影飞速地跑到窗边，敲了敲窗户。

我松了一口气，还好，找对了地方。房东披了一件外套，帮我把行李拖了进去，进门前指了指夜空："你运气很好，今晚星星很多。"我抬头，真的是繁星满天。

放好行李，房东开始了他的"演讲"。入住民宿的第一件事就是听房东讲房屋守则：什么可以用，什么不能用，有哪些特殊要求。作为房客，要一一遵守，以免给房东带来麻烦。

房东的名字是Gavin，他介绍了卧室、卫生间、起居室、厨房，跟着他在别墅里走动时，我不小心踢翻了地灯，Gavin赶紧扶起来，还不忘笑着圆场："你是怎么做到的？从来没有人注意过这个地灯。"

我以为，Gavin介绍完房屋守则，"欢迎仪式"就算结束了，没想到，这位年过六旬的房东坐在沙发上，不顾时间已晚，开始神采奕奕地给我介绍新西兰旅游概况。比如限速100km/h，不能超速，因为会有神出鬼没的便衣警察专门检查；比如可以去某家超市采购食物和水，凭借这家超市的购物小票，再给汽车加油时有优惠；比如两个月前因大地震裂开的路面已被修好，可以放心驾驶。

初来乍到，我很愿意了解一个国家的概况。从前，没有人给我讲，只能由我自己去感受，所以，这次亲耳听Gavin讲述，印象更深刻。他是一个很有逻辑的人，多年当房东的经验让他的讲述富有条理，顺着他时不时下瞟的视线，我发现桌子上的那张纸是个"任务清单"——每位房客到来后，他把自己需要做的事情都一一列出，避免遗漏。

"你会喜欢新西兰的。比起澳大利亚，新西兰人更温和。"末了，Gavin总结道。由于他讲得太精彩，我似乎回到了学生时代，情不自禁地鼓掌称赞："Gavin，你是导游吗？怎么知道这么多旅游信息？"即使身为北京人，给远道而来的外国友人介绍北京景点时，我都无法做到像Gavin这样。

"我是工程师。"Gavin双手合十，感谢我的赞美，"我接待过许多房客，你们有旅游信息方面的需求，我尽量多关注。"我这才想起，当初选择基督城这家民宿，不就是因为Gavin的房源是满分的评价吗？所有房客都说，Gavin是个热情的朋友，下次来新西兰还会住在这里。为此，Gavin还得到了"金牌房东"的称号。

我再次表示感谢，然后去休息，这时已接近凌晨一点。

等我第二天睡醒时，别墅里没有人，记得昨晚Gavin说他的工作地点较远，早晨七点就要出发，但会把我的早餐做好。走进厨房，果然在餐桌上看见了面包、果酱、培根、牛奶和水果，旁边还有字条："Joyce，很开心认识你，在新西兰玩得愉快！"

我慢吞吞地吃早餐，同时打量Gavin的家。昨晚到的太晚，根本没来得及细致参观。现在有时间了，我就捧着杯热茶，在别墅里四处溜达。新西兰人家中的结构是按功能来分的，卧室是休息用，只有一张床，让我昨晚洗漱后连护肤品都没地方放；学习和娱乐都在客厅，所以客厅里琳琅满目。

Gavin的客厅有书架、书桌、茶几，地上有拼图和翻开的书，最有趣的是，还有一顶支开的帐篷——这是要在家里"露营"？后来我才发现，Gavin大概是有在帐篷里看书的习惯，因为所有的书本方向都朝向帐篷，厚厚的书里全都是他用铅笔做的笔记，再看他的书——会计书、金融书、贸易书等，这是什么？中文语法书、日文常用语书，他还在学习语言？

让我最震惊的是，没有一本书与娱乐休闲有关——下了班的Gavin回到家里就开始学习。我想了想，似乎又觉得应该是这个样子，就凭昨晚Gavin能清晰利落地传达各种信息，我就判断，这位老爷子绝对是个爱学习的人。

然而，这都是猜测。

两周后，我结束了环岛自驾游，带着美酒和甜点，再次拜访了Gavin。上次来，我们是房东和房客的关系；这次来，我们变成了朋友。

为了印证我的猜想，一进门，我直接讲了中文："你是不是会中文？能听懂我说的吗？"Gavin用中文回答："可以，我的中文还行，就是讲得比你慢。"我愣住了，Gavin的中文口音太特别了，既有南方腔的软糯，还夹杂着东北腔的喜感。我忍住笑问："你的中文老师是哪里人？"Gavin答道："江苏和吉林。"

我们坐在客厅，天南地北地聊着。原来，Gavin突然对金融产生了兴趣，工作之余，便去坎特伯雷大学进修了金融学；他还喜欢学语言，先从中文学起，学着学着就把日文也一起学了；除了学习，Gavin还时不时地练习素描，画画累了就拼图。他指着地上未完成的拼图，说："我就拼了十分之一，上周来了两位新加坡房客，帮我拼了不少。"我这才仔细打量那拼图，发现上面的图案是世界名画《夜巡》，我笑道："拼图是从荷兰买回来的吧？"Gavin点头："荷兰朋友送的。"

然后，我问出了自己的最大疑惑："除了工作就是学习，你不累吗？"Gavin摇头，指了指自己的脑袋："我的记忆力很好，现在背书也很快。"言外之意就是，他还没老，还能学。这是我见过"活到老，学到老"的最佳典范，不被年龄束缚，只要感兴趣，就毫无顾忌地去学习，不顾他人眼光，也不管这条学习之路有多艰苦——对于Gavin来说，学习很快乐，从来不艰苦。

整个聊天过程中，Gavin没有把我当成小朋友，我也没有把他当老年人，两个人更像是同龄人，我讲我的经历，也听听对方的故事，就像Gavin在自我介绍时说的那样："我很喜欢和年轻人交谈，我觉得自己永远二十八岁。"

我却认为，他的心态比二十八岁还年轻。这个年过六旬的人有一双颇有神采的眼睛，那眼中的光亮过启明星，所以，即使岁月带给他白发和皱纹，却没有带走他的热情和活力，还将斗志和干劲儿留了下来。

没有人会永远年轻，但永远有人正年轻着。年轻不在于生理年龄，而在于心理年龄，那是经历过世事无常后沉淀下来的心态，成熟而不古板，知世故而不世故。我希望，再过几十年，当我到了Gavin的年纪，也依然保有对学习的兴趣，保持对生活的向往，也依然能和年轻人谈天说地，没有隔阂。

不要小看 30 天

□ 蒋光宇

> 不要小看一天一天日积月累的变化，即使不算长的30天，也足以让人出现显著变化。

一位观察者，对一个荷花池每天开放的荷花数量进行了统计：第一天，只有很少的荷花开放；第二天，荷花开放的数量是第一天的两倍；第三天，荷花开放的数量是第二天的两倍……按此规律，到了第29天时荷花池中的荷花开了一半。到了第30天，荷花猛然开满了整个荷花池，一派生机盎然。观察者将此统计概括为：30天荷花定律。

从"30天荷花定律"，不禁想到了摩根和卡茨的故事。

摩根是个身体健康、说干就干的青年。一天，他突发奇想，开始了一日三餐都吃麦当劳、连续吃上30天的实验。他确实坚持吃了30天，并用摄像机记录了实验的全过程。30天之后，摩根的身体状况出现了显著变化：不仅体重增加了23斤，而且患上了轻度抑郁症，还出现了肝脏功能衰竭的症状。

卡茨是个谷歌工程师，肥胖的宅男。他得知了摩根的实验结果后想：既然30天可以让一个健康的人变得不健康，那为什么不用30天使自己变得健康一些呢？他给自己列了一份30天的变好计划。他要求自己每天完成4项任务：坚持骑车上下班，每天走路1万步，每天拍一张照片，用30天时间写完一本5万字的自传；还要求自己坚持4个习惯：不看电视，不吃糖，不玩推特，拒绝咖啡因。可以说，除了那本5万字的自传之外，其他7项都是非常小的挑战。即使是这本自传，平均到每天也不过是要写1667个字。30天后卡茨果然变成了一个比较健康、乐观和有文采的人。他颇有感触地说："做有益的小事，完成既定的目标，30天之后就会变好些，就会感谢自己的努力。"

看来，无论是自然界还是人类社会，都遵循着由量变到质变的规律。不要小看一天一天日积月累的变化，即使不算长的30天，也足以让人出现显著变化。

成长就是坚持自己想做的，努力成为自己想成为的

□易烊千玺

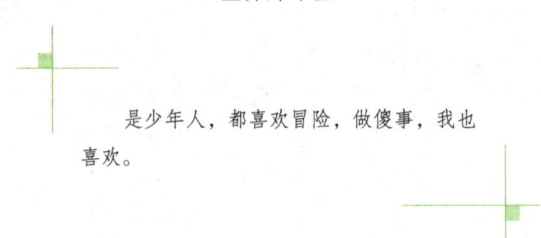

是少年人，都喜欢冒险，做傻事，我也喜欢。

入冬以后，突然对"火"字有了别样的感觉。可能是因为天太冷了，也可能是因为那个结束工作的夜晚太黑。一瞬间，觉得如果可以化作一团火，畅快地燃烧，噼里啪啦地，既可以照亮夜的路，还有可能温暖到某个衣裳单薄的人，挺好的。

古诗里有很多关于"火"的句子，比如"蓦然回首，那人却在灯火阑珊处"，又比如"昨日邻家乞新火，晓窗分与读书灯"，再比如"野径云俱黑，江船火独明"等。这样的"火"，都会让人心头一暖。假如说，"成长"是既有颜色、光亮，又有温度和能量的事物，"火"应该是其中一种。

不同的年龄，对"成长"一词的感受不同。十三四岁时，开始喜欢既有棱角又有规矩的瘦金体，是成长；十五岁时，意识到古时候的男子在这个年纪就要褪去稚气，肩负起责任，是成长；十六七岁时，发觉试图理解那些不能理解的，不辜负期望，是成长；现在，坚持自己想做的，努力成为自己想成为的，对于我来说，又是一种成长。

去年，因为偶然的机会喜欢上了泥塑。泥塑的快乐在于那个"从无到有"的过程——心里有什么想法，手上就有什么形状。随心而行，遇见什么就是什么。

我知道"随心所欲"不等于"随意妄为"，更有"不逾矩"。记得木心先生曾经在《文学回忆录》里，提醒过像我这样的年轻人。他说："少年人一定要好的长辈指导。光是游历，没有用的。少年人大多心猿意马，华而不实，忽而兴奋，忽而消沉。我从十四岁到二十岁出头，稀里糊涂，干的件件都是傻事。现在回忆（起来），好机会错过了，没错过的也被自己浪费了。"

是少年人，都喜欢冒险，做傻事，我也喜欢。可能是因为从小都在接受艺术训练，还是会在潜意识里觉得，一切称得上美妙的冒险，都需要深深的自律。自律，一方面是为了不让自己失望；另一方面也因为没有自律、自觉，也就谈不上真正的自由和自在。这就像学习舞蹈和音乐，没有循规蹈矩的日积月累，就不可能有豁然开朗的创造和创作。

有时候，我会想，一个人的长大和一棵树的长大有什么不同呢？我们都需要时间和耐心，都不可能在一夜之间长大；我们还要尽可能敞开自己，吸纳阳光、空气、水和土壤里的养分；我们更会经历突如其来的狂风、大雨、暴雪，然后懂得世事不可能一帆风顺，受点挫折才算正常；我们也一定会遇见许多温柔的小鸟和美丽的夏季，因为生命本就是璀璨的、明媚的、温柔的……

如果可以，我们都应该对自己，对世界，耐心一点，再耐心一点；坦诚一点，再坦诚一点；勇敢一点，再勇敢一点；温柔一点，再温柔一点……当然，也可以顽皮一点，再顽皮一点。

因为，我想和你一起拥有——更可爱、更生机勃勃的世界。

马蹄子与北海道男人的选择

□毛丹青

> 我问他:"有没有什么家业?"他沉默了一会儿,答道:"我可不想继承我父亲的那个行当,整天给马装马蹄。"

我喜欢看日本的赛马,但不是赌马徒。看马看它的迅捷,同时也看它的沮丧。有时一匹好马得了冠军,绕场凯旋的时候,全场掌声雷鸣,尤其是众人歇斯底里的叫喊声,大概是我到过所有的公众场合听到的最厉害的一个。至于败北后沮丧的马,你只要看看它的马蹄,那种失去了光芒的金属感令人心里不是滋味儿。

赛马必备"装蹄师",有的师傅干了一辈子,一生都在为赛马装马蹄,别的几乎什么都不计较。告诉我这些事情的是一个日本的中年男人,他是我去北海道的时候在一家小酒馆认识的。当时外面的气温零下14摄氏度,对于怕冷的旅游者来说未必是出游的好季节。当然,这样的季节是不会有赛马赛事的。

中年人说他冬季没什么事情干,打算到暖和点儿的东京闯闯看。我问他:"有没有什么家业?"他沉默了一会儿,答道:"我可不想继承我父亲的那个行当,整天给马装马蹄。"

装马蹄,实际上是一门深奥的学问,当然,这样的话题是不用我提醒的,中年人从小看着他父亲为马装马蹄,嘴上说不愿意,但话一说多,他还会流露出对父亲的羡慕。北海道牧场的男人很多都像他这样的性格,嘴上埋怨,但心是暖暖的。

为马装马蹄最重要的是把握住马蹄边儿的位置,因为马蹄是用金属做的,必须用钉子钉进去,一旦钉进去的角度发生了偏差,那就很容易钉到马脚的神经上,造成马的灾难。

中年人告诉我,他的父亲为了把握住马蹄边儿的位置,经常抱一床被子住到马棚里,有时还跟马嘀嘀咕咕,也不知道他跟它都说了些什么。到了第二天清晨,马要装马蹄了,按理说,要靠人用力拢住马腿,叫它动弹不得,然后安静地装上马蹄。可到了他父亲这里,没等马蹄拿过来,那匹马就慢悠悠地走过来了,对着他的父亲鞠躬,表现出十分亲昵的样子,然后,他父亲一个人就把马蹄给它装上了。我问中年人:"这么神奇呀,难道你不喜欢马吗?"

中年人叹了一口气,抽了一口烟,声音低沉地说:"倒也不是,我父亲给马装了一辈子马蹄,可由他装的马从来就没赢过一场赛马,老跑老输,有人怀疑他老是想着马怎么舒服怎么装,压根儿就没想过赢。"

"能有这样的事儿?"听了他的话,我多少有些怀疑。小半天儿,中年人不说话了,直到我要离开小酒店的时候,他忽然跟我说:"我这人虽然不跟马打什么交道,但我儿子发誓要继承他爷爷的事业,他上小学六年级了,到了夏天,天天跟着他爷爷睡马棚!"

说完,中年人坐回到座位上继续喝他的酒,而我,一个人推开小酒店的门走回了饭店。

最没有价值的一门课

□ [美] 弗雷德·波尔

> 我发现这门课简直无法容忍。我怀疑,有谁会关心鸡鹰和条纹鹰是否一模一样,除了迈尔斯教授。

22岁时,我便知道自己需要什么和喜欢什么。而在军队服役两年后,我知道自己对户外的了解已足够用一辈子了。别人对大自然的美景着迷时,我决定打起背包回到大学。我宁愿上体育课,也不愿走进野外了。

而后,我进入最后半学期,忽然发现自己离毕业要求还少一门理科的学分。

"选修鸟类学怎样?"我的学业导师提出建议。

"昆虫?"我问。

"鸟类。"他很坚定,"我知道这门课就是去玩儿。"

结果证明,这门课不是走进丛林即可。"这里是你的阅读书目、测验目录和野外实习的目录。"胖乎乎的埃弗雷特·迈尔斯教授说。我端详那张纸,大吃一惊。每周考试一次,有十多本书要读,野外实习要去100千米范围内的每个湖泊、湿地、自然保护区。更要命的是:所有公共汽车都在早晨5点发车。

我发现这门课简直无法容忍。我怀疑,有谁会关心鸡鹰和条纹鹰是否一模一样,除了迈尔斯教授。他想尽一切办法,把对大自然的热爱灌输给学生们。为了说明野鸭如何拍打翅膀,他如同风车般舞动着短而粗壮的手臂。还有一天,他双手合在脸前,跑着穿过教室,不顾一切地奔向垃圾桶——做了个不可思议的飞跃动作,来说明翠鸟潜水捕鱼的方式。

让我惊讶的是,我通过了这门课。我玩笑地将它称之为"我上过的最没有价值的一门课"。

往后的日子,便是结婚生孩子,另外就是我发誓终身都不放弃的户外露营。跟家人在一起，我发现了以前错过的生活。我们共同学会了识别植物、昆虫、星星。迈尔斯教授的课过去好几年了，却如同水和面包般不可或缺。他帮助我了解到，只要用心，大自然便能教我们懂得一些重要的东西。有一天我看到鸟雀在我的喂食器那里掐架，我不安地想到自己与其他乘客争抢座位时就跟它们一样。还有一天，我仰望一群野鸭以"V"字队形飞过天空，我想到人们应该相互帮助才能更好地达到目标。

"你们看到那只鸟了吗？"一天，在院子里，我小声对孙女杰西卡和阿什莉说。

"看到了，那是什么鸟？"

"让我看得更仔细些。"我举起望远镜。随后，我看出那只小鸟的胸部生有红褐色的细纹。"那是一只鸣鸟。"我猜测，"不过，咱们要查查看。"不大工夫，我在《野外指南》中找到一幅雄性黄色鸣鸟的照片，问孙女们在灌木丛中看到的鸟是不是与照片很像。

"一模一样！"阿什莉说。杰西卡靠近这只停留在树枝上的快乐天使，鸟儿没害怕，反而跟她一对一开起了音乐会。树枝间透过温暖的阳光，洒在她们身上，构成一幅静止而漂亮的图画。

鸣鸟离开了，我们也起身离开。"告诉我，爷爷，"阿什莉拉着我的手问，"你怎么对鸟儿懂得那么多呀？"

"实际上我了解得很少，"我回答，"可是我最该感谢我的一位大学老师。"随后，我给孩子们讲了迈尔斯教授和我上过的"最没有价值的一门课"。

你所不知道的日本社会"15分钟规则"

□ 徐静波

"守时守约定"="信用",这在日本社会是一条铁的法则。

不知大家有没有注意到一条日本新闻,连接东京市中心与北郊茨城县筑波科学城的筑波快线列车,原定于上午9点44分40秒发车,但由于操作员的失误,结果列车没有按照原定时间准时出发,而是提前20秒驶离了车站。虽然没有乘客落下,也没有人发现提前"20秒钟",但是,铁路公司还是郑重其事地在网站上发布了一份道歉声明。

这一份道歉声明,在日本网络上并没有引起太多的反响,因为很多日本人认为严格遵守时间,承认错误是日本的传统美德,铁路公司的做法没有什么大惊小怪。但是这一份道歉声明,却引起了海外媒体的关注,像英国的BBC、美国的《纽约时报》、俄罗斯的卫星网,还有中国的网络媒体,纷纷予以转发报道。尤其是列车经常晚点的欧美国家,网友们甚至将这份道歉声明转给当地的铁路公司以表示自己的不满。

日本铁路公司为什么会如此重视这"20秒钟"?因为"准点"一直是日本铁路公司的追求,不仅要求准点到达,还要求必须准点出发。一是为了避免出现铁路交通事故,二是为了避免因为不准点打乱整个公司列车的运营计划,三是为了避免耽误乘客的出行,四是为了体现铁路公司严谨安全的管理理念。

日本社会为什么在时间问题上会表现得如此苛刻?这是我想帮助大家解答的一个问题。

在日本,朋友之间约一个饭局需要提前几天?一般是提前一个月,至少也得提前一个星期。如果提前一天,或者当天约饭局,日本人的第一反应是"你遇到了什么难处？"第二反应是"太失礼了"。

日语中有一个单词，其实是汉字，叫"约束"。虽然是汉字，但是意思与现代汉语的"约束"有一定的差异，日文中的"约束"翻译成中文的话，应该是"约定"。

在日本，约定的事是不能随意更改的，除非遇到家人生病、地震台风或者自己中暑倒下。为什么不能更改？因为对方为了跟你这一个约定，已经推掉了其他的安排，已经预订了饭店，心理上已经做好了与你相聚的准备，甚至已经为你买好了礼物。所以，能否如约，变成了一个人的信用问题。在日本社会，一旦失去信用，那么朋友之间的关系就会疏远，而公司之间的生意关系也会因此受损。

也许有读者朋友说，我譬如跟对方说，我们单位突然开会、领导突然找我谈话、公司突然通知我出差。这些理由在日本是很难成立的，因为公司要开会，时间也一般都是在一个星期前定下来的，除非公司遇到了很大的危机需要你处理。出差也不可能提前几天告诉你，所以，当天要取消饭局，在日本是一件很困难的事。即使提前几天要取消，也要千万个道歉。

去年8月，我遇到一件令人感动的事，我的朋友森山博之，是日本最大的精细化工企业之一的旭化成公司前驻北京总代表。他答应我的邀请，参加了24日在东京举行的纪念周恩来总理诞辰120周年的大会。会议结束后晚餐时，我没有找到他。看手机，才发现他给我留了一个言，说接到夫人的电话，女儿在医院里马上要生孩子了，叫他马上赶过去。等他匆匆赶到医院后不久，女儿就生下了一个男孩，他高兴地又给我发了一条留言，说"我做外公了"。

纪念周恩来总理诞辰120周年大会的参加者有三百多人，不缺他一个，但是森山先生认为，既然已经答应要出席，那么，即使女儿被送进了医院，他也要履行自己的诺言，赶来会场参加大会。

这说明什么？说明"守时守约定"＝"信用"，这在日本社会是一条铁的法则。

日本社会还有一个法则，那就是"15分钟规则"。这是一个什么样的规则呢？就是你去别的公司拜访客户、去会见朋友、去拜见政治家或名人，像我们记者要去做专访，都必须提前15分钟抵达对方公司或者指定的场所，然后根据约定的时间准时敲响对方的门。

譬如说，我要去拜访一家公司的社长，约定的时间是上午10点钟，那么我就要在上午9时45分赶到这家公司的附近，或者进入这家公司的一楼大厅。在9时55分时，通知前台或者打电话给对方的秘书，告诉我已经到了，随时可以上楼拜访。

不要小看这15分钟，在这15分钟里，你可以静静地准备自己要谈的内容，整理一下自己的思路与心情。最为关键的是，你能够保证自己不迟到，让对方公司觉得你是一个守时、靠谱、有信用的人。也许这15分钟，就可以让你与对方建立起一种信用，谈成一笔生意，成为贸易伙伴。

如果是跟朋友约定在哪里见面，你算好时间准时赶到，那么在日本社会还有一条法则，就是"准点等于迟到"。为什么有这么一条规则呢？因为你自己虽然是准点赶到，感觉自己没有迟到，但是你的朋友或许已经等你10分钟、30分钟，事实上你已经做了一件很失礼的事情。

那么，万一发现自己要迟到的话，该怎么办？日本社会的常规，是至少30分钟之前通知对方，并明确告诉对方大概要迟到多少时间。

日本人一般都会说"没关系，没关系"，但是，心里还是有关系的。因为你给别人添了麻烦。

所以在通知对方自己要迟到时，一般不要解释迟到的理由，譬如说堵车了、开会晚了，因为在东京，没有人会自己开车去赴约，而且东京一般也不会堵车，大多数人是坐地铁轻轨，都算得准时间。迟到就是迟到，向对方道歉，让对方有一个思想准备，可以利用等你的时间来做其他的事情。

日本社会不仅是个人守时，企业也努力守时。世界航空数据公司OAG最新发布了《2018年准点率综合报告》。这份报告汇总了2017年全年近5700万条航班数据，评估了全球最大型的航空公司和机场的准点率情况，结果显示，日本航空公司、东京羽田机场和大阪机场的准点率分别荣登超大型航空公司、超大型机场和大中型机场类别的全球第一。

日本航空公司是日本最大的航空企业，服务全球229个航点，同时是世界第三大航空公司，日本航空的准点率是多少呢？高达98.28%，到达平均延误时间仅为3分钟左右。全球准点率第二名，也是日本的航空公司，叫"全日空"。全日空的准点率是97.03%。而中国四大航空公司中，表现最好的是海南航空公司，其准点率为65%，可见两者之间的差距有多大。

我曾经采访过日本航空公司，问他们如何能够保证这么高的准点率？他们说了3个秘密：

第一，专门航线要有专门的飞机，不能一架飞机一天时间里跑几个城市，换几条线，搞疲劳战术。这样的话，哪一条线出了问题，会直接影响到后续这架飞机执飞的所有航班。当然，这里有一个前提，就是日本航空公司要有足够的飞机储备。对于日本航空公司来说，为了保证准点率，多买几架飞机也在所不惜。

第二，乘客办理登机牌和托运行李，是随到随办，没有规定"2个小时之前才能办理"，虽然这样做的话，地面工作人员要随时在柜台上值班，比较辛苦，但是，这样就避免了集中办理登机牌导致乘客登机延误。

第三，飞机起飞前30分钟一定开始办理登机手续，并通过机场广播，反复催促乘客登机。最后，由地面工作人员拿着航班指示牌，去外国游客比较多的免税店一一招呼，以保证乘客准时登机，客机准时起飞。

不仅是航空公司，日本的铁路公司也是如此。在世界上的其他任何地方，一列火车仅仅晚点90秒钟，都会被视为极为准时，但在日本却并不适用。日本铁路的准点率每年都保持在97%以上，铁路服务人员通常会为短短的1分钟的延误而反复道歉。

日本人追求极致的时间观念，很多人认为这与日本人的性格以及国民性有关，但其实日本人原本对时间的概念和意识也是比较宽容和淡薄的。明治时代初期，日本的火车和现在欧美国家一样，晚点30分钟也是常有的事情，上班迟到也是正常现象。

为了改变这种拖拉情况，日本在明治时期，也就是中国的晚清时期，导入了西方的24小时时间制，并加强钟表的普及，在公共场所，诸如公园、店铺和大厦等醒目的地方设置时钟以提示时间，日本人才开始有了明确的时间概念。明治之后的大正时期，日本政府规定每年的6月10日，为"时间纪念日"，号召民众加强守时意识。经过不断努力，守时观念逐渐渗透到日本国民心中。日本在学习西方科学管理方式的同时，将时间管理发挥到如此极致，也是欧美国家意想不到和艳羡不已的事情。

日本社会的时间观念，给整个社会带来了什么样的变化？第一，日本人从守时中，学会了守约和讲究信用。第二，培养了一种做人做事的认真作风。第三，提高了整个社会的管理效率。精确到几时几分的时刻表在日本是随处可见的，列车运营公司按时发车到站、乘客按时等候、乘车，这样就形成了一种良性的互动关系。乘客根据列车时刻表提前知晓发车时间可以合理安排自身的行程。长期处于如此精准和精细的社会，你不得不融入并适应其中，一旦脱离日本社会的规范，那么会给生活带来很多麻烦和混乱。

所以，日本社会因为守时，而进入了一个守规则、讲信用的时代，一个社会也因此进入了一种良性循环的状态。

毕啸天：讲科学的"清华第一段子手"

□魏雨帆

> 毕啸天的大学社团前辈张弛形容他，自行车坏了会去琢磨很久把它修好，还不忘画出自行车的三视图在微博上自我调侃。

呆板、无趣、永远待在实验室……这些贴在化工男博士身上的标签，在毕啸天身上丝毫不见。相反，被称为"清华第一段子手"的他，面貌清秀，长得有点像"苏有朋和陈冠希的结合体"，擅长用段子手的眼光和科学的思维来研究生活中鸡毛蒜皮的小事。

有点傻，有点耿直

有人形容毕啸天是"清华第一段子手"，但最开始，他并不醉心于生产段子，只是想借"毕导"这个公众号撕掉贴在化工男博士身上那些刻板的标签，譬如"呆板""无趣""永远待在实验室"。但后来，"毕导"收获了不少粉丝，靠的就是他营造的科学和段子的反差萌。

但毕啸天不觉得自己只是个段子手。读本科时，老师朱文涛曾说过一句话："清华精神就是把一个复杂的问题，转化为若干个我们已经会解决的简单问题。"这让他印象深刻："其实生活都是一样的，但有时候你换一种思路，开一开脑洞，就能看到不一样的东西。"

如何换一种思路？毕啸天的方法是将生活中的琐事"科学拆解"，经过科研的系统训练后形成理工科思维。有段时间香蕉和冬枣的搭配在网络上大火，网友们用了很多想象力丰富的词汇来形容同时吃下二者的感受，有人描述"吃完会看到人生的走马灯"，有人说"仿佛能看到孔子和苏格拉底打架"。毕啸天看到这些描述时，第一感受是觉得他们的形容"不准确""不具有科学的可重复性"，理工男的思路又冲上来了,他便着手实验。

选取不同品种的香蕉和枣,按不同比例和吃的先后顺序进行试吃实验后,毕啸天试图找出最佳搭配来获得味觉上"最优化的恶心"。他记录道:"在熟蕉和冬枣体积比例为2∶1时,先吃熟蕉,后吃冬枣,我仿佛看到了一只刚刚从铁锈味的洗洁精溶液中飞出来的臭虫在吃了一个坏鸡蛋后远远向我招手!人生前25年吃的水果在这一刻显得一文不值!"他甚至因此感到一种前所未有的快乐:"我觉得太棒了,这就是我要的感觉,这就是科学的胜利。"

有股子"清华老教授的气质",有点傻,有点耿直,还有点可爱的认真劲儿。毕啸天的大学社团前辈张弛形容他,自行车坏了会去琢磨很久把它修好,还不忘画出自行车的三视图在微博上自我调侃。

不是奇葩,只要好玩

毕啸天创办的"毕导"这个公众号,至今已经产出近90篇文章,诸如"跳一跳攻略""北京大风天生存指南""供暖前的秋衣外穿指南""春节抢红包规律",都是广为流传的科普类段子,篇篇阅读量10万加。他经常会收到许多无厘头的脑洞,像"喝珍珠奶茶如何不剩珍珠""冬季如何防静电",都是源自粉丝们在后台的提问。

很快,围绕毕啸天的争论大致分为两派:一派人认为"毕导"全是雕虫小技,哗众取宠,拿科研的这些东西不干正事儿;另一派人觉得,他能用科研思维和段子手方式来普及他自己心中的科学理念,很有意思。在很长一段时间,毕啸天陷入迷茫,总有些不同的声音萦绕在他耳边。

但他最害怕的,不是批评或赞扬,而是经常有人问他:"你整天研究这些乱七八糟的东西有什么用?""我也同样害怕我在生活中会变成一个要求别人去做有用事情的人。我觉得,本来一件单纯好玩的事,在你要求它变得有用的时候,那它就变得不好玩了。"

"原本当你看到11个骂、0个表扬的时候,你就会觉得,在做的这件事情是不是大家都很不喜欢,是不是大部分人都觉得是一件很蠢的事,是不是没有什么意义。"他认为现在自己已经度过了自我怀疑的阶段,"你已经用你自己的影响力证明了自己,大家还蛮接受的。"

段子手的眼光,科学的思维

毕啸天录制完新一季的《奇葩大会》,并收获了97票的高赞,成为当季最受欢迎的嘉宾。但录制之前，他紧张得要命，害怕会被导师吐槽，在准备时，他连高晓松可能会问什么问题，自己要怎么应对都想了一遍，设计了一套树状图式的问答。没想到录制过程出奇顺利，没有波澜，"讲到中间时那几个导师就笑得前仰后合，高晓松的眼泪都笑出来了"。

但毕啸天不认为自己是"奇葩"。"可能外界觉得很符合，我心里面也的确能发现自己跟别人有不一样的地方，但如果你把这种不一样说成是奇葩，好像又没那么容易接受。"他认为"奇葩"是奇怪且不自知的一类人，而自己是自知的，他在不同的场合选择性地展示了自己想展示的一面，"想给你们看看，理工科的生活其实能很好玩儿，是我选择性地向你们展示的，我不是那么一个人。"他更愿意称自己是善于用独特的眼光去在平淡的生活中发现乐趣的人。

清华师哥李健是毕啸天最喜欢的歌手，并向往自己中年能像李健一样，"很文艺，心中有情怀，看事情很纯粹"。他幻想过，如果有一天能见到李健，一定会和他很聊得来，甚至能一起分析贝加尔湖的冰为什么是蓝色的。"如果能和李健一起吃一顿饭，一定要在贝加尔湖上，对着特别美的蓝冰，我想在冰面上架一个炉子，我们在那儿可以随便烤鱼和唱歌。"

这些听起来如同梦呓，但却是毕啸天天真又真实的想法。相比大多数学生倾向于找大家认可的或者时下最热门的行业，像金融投行，或者会为了稳定而选择体制内的工作，毕啸天"是兴趣导向型的，一定是先喜欢一个东西，做好、做出门道，化为自己的东西，再成功"。

毕啸天不希望自己变得世俗功利。如果不考虑经济因素，他很向往博士毕业后能去中石化这样的企业里做一名化工技术工人："戴着安全帽，穿着安全服，走来走去，研究一下管道塔，加料，拿着图纸画来画去……指点江山的那种。"

为什么学理工的女生少

□李 子

> 阅读是清一色的女性优势，没有任何国家的男生能在阅读科目上整体超过女生，一个都没有。

女生的理工并不弱

最初人们认为，这是因为"女性天生不擅长理工科"。

但这个偏见已经被研究结果打破。女生的科学能力并不差。

大量研究表明，女生在学力和学科成绩上都不逊于男生。而且随着男女平等的脚步加快，女性就更能摆脱歧视的影响，发挥出自己在科学方面的成绩。尽管有研究显示，女性在空间认知能力方面略低于男性，但这个先天因素的影响程度并不大，远不如后天的训练和教养重要，空间认知方面的能力是完全可以后天培养的。学科成绩上的细微差距，不足以解释女性和男性在理工科选择上为何有巨大的鸿沟。

既然有这么多的女生在成绩和能力上不弱于男生，甚至可以超过男生，那为什么她们不选理工科呢？

研究者们很自然地想到，也许是歧视导致了女性不愿踏入理工领域。

"女孩子学不好理工科"是一种根深蒂固的性别刻板印象。

它在很小的时候就开始影响人们的行为模式，让女生们套上"女孩不行"的心理暗示，从而放弃数理化，拥抱文史哲。

长久以来学界都认为，消除性别偏见、就业歧视，是让女孩们投入理工科怀抱的关键。

然而，在最近的社会研究中，人们发现，那些性别非常平等的国家，虽然不乏优秀的女工程师、女科学家，但整体看下比例，依然是理科男生多、文科女生多。

比如芬兰。芬兰的性别平等指数排世界前列，芬兰的父母养孩子，都极力避免灌输性别差距。

小女孩从小在外面摸爬滚打，小男孩也不忌讳那些比较"温柔细腻"的爱好，而在选择专业上，孩子有极大的自主权，一路到就业鲜有歧视。但是芬兰大学里理工科的性别差距，却是所有国家中最大的，挪威、瑞典也紧随其后。在北欧三国的大学里，理工科专业的女生只占1/4，赶得上北大人眼里的"五道口男子职业技术学校"（清华大学）了。（事实上，清华也没传说中那么夸张——男女比例是68∶32。）

性别平等的地方，女性依然很少选择理工科。社会研究者把这种现象称为"性别平等悖论"。到底是什么原因导致了这种情形呢？

女生的文科实在太强了

来自美国密苏里大学和英国利兹贝克特大学的研究者海斯伯特·斯杜特和大卫·吉尔里分析了75个国家与地区的47万名学生10年来的国际学生能力测试数据，再和大学专业的男女比例、各国的性别平等指数相比较，同样发现了"性别平等悖论"。

但这次，研究者还发现了一个趋势：当女生的数学能力越好时，她们的阅读能力会更好，好到大大超过男生。

数据中，共有22个国家的男生理科比女生强，但也有19个国家的女生理科比男生强，比如芬兰、瑞典、泰国、越南等。

然而，阅读是清一色的女性优势，没有任何国家的男生能在阅读科目上整体超过女生，一个都没有。

整体上看，女生在理科上已经迎头赶上，在文科上则遥遥领先。不过，影响个人选择的，恐怕还是每个人自己的学科优势为何。

研究者发现的另一个趋势就是：有超过一半的女生，个人的最强科目是阅读，强于科学和数学；而只有20%的男生阅读科目最强。

许多女生在数学和科学考场能取得高分，然而在阅读中能取得更高分。对于她们自己来说，选择一个自己擅长的科目，是很容易理解的选择。很多理科超过平均水平，甚至顶尖的女生，若申请文科专业可以有机会去到更好的学校，又何乐而不为呢？

性别越平等的国家，女性选理工的反而越少

研究者还发现，男女性别越平等的国家，女生的阅读水平就会更强于数学和科学水平——尽管相关性没有那么明显，但依然能看出这种趋势。相应地，大学进入理工科专业的比例，也就更小。

换句话说，在北欧等性别平等的国家，女生们的数学成绩不一定差。然而阅读成绩会好很多，这让她们纷纷走向文科、社科专业的怀抱。加上北欧国家有着比较完善的社会保障，女性就会更多地考虑自己擅长的领域、兴趣所在和未来人生规划。

这让人想起国内高中理科班的学霸妹子们。她们学习非常刻苦，天赋也高，数理化成绩完全不弱，然而英语和语文总能超过许多男生一大截。最后也选择了一个看起来"偏文科"的专业，比如会计、管理等。而更多成绩好的女生，往往语文和英语更加拔尖，因为文科方面的巨大优势，在高中时期就选了读文科——并不是人们刻板印象中的"女生理科不行"，而是"女生理科行，文科更是超级行"。

不过，在性别不平等的国家，有机会接受教育的女性，则很大可能会憋着一股劲要挤入理工科专业。原因大概是理工科专业的经济回报更高，在投入产出比的考虑下，学理工科更"划算"一点。理工科往往能提供比较稳定的就业机会和相对高的薪水，这就为女性提供了经济独立和社会保障，从而抵消女性在社会上的劣势。也不排除女生在家庭的"指导"和影响下选择高回报的专业，从而能够给家庭增添财富。

还要注意一点，即使女生走进理工科课堂，乃至走进大学，也不一定代表男女平等就有了显著改善。

卡塔尔大学里女生占到 72%，约旦理工大学里女生占 56%，而世界排名前 50、位于阿联酋的哈里法科技大学的女生也有一半之多。

但在这些大学里，女生有专门的课堂，有隔离的自习室和实验室，女生依然需要身穿宗教服饰，不允许与男性接触。能否保证教学质量是一个问题，更重要的问题是，许多男性即使没有大学文凭也可以找到钱多事少的政府差事，女性则需要接受额外的大学教育，才能从事专业技术工作。

经济学家送你明星的吻

□岑 嵘

> 很多时候，快乐来源于对快乐的期待，期待本身也是一种快乐。

如果说经济学是门"沉闷的科学"（英国历史学家托马斯·卡莱尔语），那么行为经济学家可能是其中的一些异类，他们把乏味的经济学变得活色生香，比如他们把"明星的吻"引入了经济学的研究中。

芝加哥决策研究中心的行为经济学家尤瓦·罗登斯杰克和奚恺元做过一个实验，他们让大学生做两道测试题，其中第一道测试题是这样的："从以下两项中选择一项，A是赢得2500元；B是赢得和乔治·克鲁尼或安吉丽娜·朱莉等你喜欢的电影明星亲吻的机会，你会选择哪一个？"

第二道测试题则是这样："以下奖项的中奖概率均为1%，可供选择的抽奖内容为：A是赢得2500元。B是赢得和乔治·克鲁尼或安吉丽娜·朱莉等你喜欢的电影明星亲吻的机会，你会选择哪一个？"

对于第一个问题，70%的学生选择拿现金，而对于后一个问题，却有65%的学生选择和明星亲吻。

这样的答案显然违背了理性决策的原则，根据理性决策，如果你偏好2500元现金大于明星的吻，那么你应该同样对1%的机会赢得2500元的偏好，大于1%的机会赢得明星的吻。那为什么会出现以上实验的结果呢？

其实大部分人心里都不愿意为一时的快乐牺牲稳定的收益，对于百分百得到2500元，大多数人都会选择现金。然而当中奖概率变成只有1%时，人们便愿意赌一把了，选择得到电影中才能见到的明星的一个吻的抽奖机会，万一真要是能吻到朱莉或克鲁尼，那岂不是可以炫耀一辈子？这个实验的意义在于发现人们在概率很小的时候会改变偏好，愿意选择赌一把。

卡耐基·梅隆大学的行为经济学家勒文施泰因教授也做过一个实验：一组大学生被告知，他们过一会儿有机会得到一个吻，而且是最喜爱的电影明星的；另一组则被告知，他们在一周后将得到同样一个令人激动的吻。

实验的目的是研究哪一组的大学生幸福感更强。结果发现，后一组也就是必须等待一周才能得到明星之吻的学生幸福感和满足程度更高，因为他们在期待中度过了这一星期中的每一天，他们每天都会以非常真实的心态想象自己和最喜爱的电影明星亲吻的情形，并且沉浸在这种幸福之中，好像已经和那个明星亲吻了好多次一样。

这个实验告诉我们，很多时候，快乐来源于对快乐的期待，期待本身也是一种快乐，因此诸如在奖励员工、赠送礼物这些事上，晚说不如早说，这样能让别人更大地享受这些事情带来的快乐。

在《神雕侠侣》中，郭襄对杨过说出了自己的心愿："今年十月廿四我生日那天，你到襄阳来见一见我，跟我说一会子话。"杨过满口答应："我答应了。这又有什么大不了！"郭襄聪明地把自己的快乐延长了，接下来的日子里，她每天都在见到杨过的期待中幸福地度过。

慢的先到达

□王南海

> 如今想来，"慢慢走，不要停"算是人生的大智慧了。

我的一个朋友特别喜欢到处旅游。他曾经徒步走完稻城亚丁至泸沽湖一线，欣赏迷人的湖光山色；也曾轻松走过尼泊尔安纳普尔纳大环线，看到日照金山的醉人美景。他分享一路的收获，却说："这些都不是感悟最深刻的。"

他问我一个问题："你认为是那些兴奋的、走得快的小伙子先到终点，还是那些不善言语的、走得慢的人先到？"

我不假思索地说："当然是前者，他们精力充沛啊！"

他摇了摇头，说："你错了。真正徒步的时候，那些刚开始特别兴奋的年轻人多半在后面会放弃，反而是那些看上去没什么表情、一直很少讲话的人会走到终点。"

朋友接着说："我在旅行时，曾遇到一个来自美国的老妪。她已经70岁了，一个人走得非常缓慢。我当时就劝她说：'您年龄大了，不要再往前走了。'老妪却笑了笑，说徒步走完安纳普尔纳大环线是她一生的梦想。别人走得快，她可以慢慢走。当我们走出雪山几天后，老妪竟然也走出来了，而那些刚开始走得快的年轻人却没有走出来。"

朋友又说："有一次，我们去登白马雪山。刚开始，那些像麻雀一样的年轻人都在吹牛到了山顶会做什么。可是只爬到雪线，他们就开始出现严重的高原反应，只能后撤。反倒是那些没什么表情的人、始终按照自己的呼吸和节奏走的人最终登上了顶峰。"

我思忖着，顿时醍醐灌顶。其实不只旅行，学习也如此。曾几何时，我和一个朋友相约一起学习英语。我学了一段时间,放弃的理由就一股脑地冒出来。反正我目前不出国,学了有何用?于是我将书丢在一旁。待到计划出国旅行时,我才想起我要学英语,于是慌忙捡拾。朋友学得如何?他早就通过考试了。他笑着对我说:"我学得慢,所以从不敢停歇。"

  生活也是如此。我们朝着幸福的方向,哪怕慢慢走,只要不停歇,就一定能到达幸福的彼岸。

  我们曾有过多少承诺,都消散在风中。我们曾列出过多少详细的目标与计划,都无疾而终。如今想来,"慢慢走,不要停"才是人生的大智慧。

你拿的刀，没有一把是锋利的

□卷毛维安

> 不要让你身上看似背满了刀，遇见荆棘，却无能为力。

1

冬天将至，砍柴人独自住在林中，他盘算着出门收集一些食物和干柴，好挨过接下来的寒冷日子。

他从仓库里拿出很多工具：大小不一的砍刀，用来装野果的大布袋，还有捕野兔的兽夹和弓箭。他把自己挂得满满当当，就心满意足地出门了。

走了一会儿，终于来到一片枯木林前，这片林子树木多，树龄老，随便砍下几根都是好的。他拔出砍刀，准备砍柴。

一下，两下，他砍得很吃力，看看刀刃，原来去年冬天用了之后忘了磨，生了锈，现在已经旧得不成样子。

看看其他的刀，大大小小，无一幸免。

再看看布袋，去年被荆棘挂破了忘记缝补，而夹子也松了，箭羽上少了几根羽毛，怎么射都射不准。

"唉，出门前怎么不多检查一下？"他懊悔极了。

那个冬天，他分外难熬。

2

我因为爱好广泛而常常东奔西跑做着不同的事情，妈妈很怕我浅尝辄止，便常和我说一句话："不要让你身上背满了刀，却没有一把是锋利的。"

我喜欢唱歌，最多是个KTV水平；我喜欢做电台，可这基本是凭兴趣爱好；我喜欢英语表达，可比起做翻译还差十万八千里；我还喜欢很多东西，可是仅仅停留在感兴趣的层面，就如同纸糊的盔甲，看着华丽，实则无法防身。

还好，我喜欢写东西，而且从中取得了一点小成就。这样才有了一点自信：原来我是可以慢慢养活自己的。

每当有人羡慕我时，我都是慌张的，因为展现得越多，外人对我以及我对自己的期待就越大，可是真正支撑着我继续的，能够给我未来生活提供资本的，仅仅是那一两项本领。

如果刀不锋利，只是累赘的铜铁，不仅不能直面困难，一刀毙命，还容易成了拖累。

这个假期，有个学长问我认不认识什么新媒体公司，他想投奔新媒体行业。

他是读新闻专业的，经历也非常丰富，做过科研，搞过乐队，还创过业。

我说："你写过什么稿子吗？专访稿、通讯稿之类的。"

他告诉我，他虽然学的是新闻专业，大学四年忙着做各种事情去了，写是写过，但长久不写，手有点生。

我看了他给我的几篇文章，看到几个语病之后就看不下去了。对于这样浅尝辄止还自我感觉良好的学习态度，我实在不敢恭维。

他说："我什么都能做的，你帮我问问吧。"

我想，你什么都能做，到底能做什么？

3

想到一句古话："文不能测字，武不能防身。"对自己还没有精确的估量，为什么这个优胜劣汰的社会要仔细打量你？

没有一技之长，看似会的很多，却都是皮毛之才，逞一时炫耀的口舌之快。

这个时代，最怕你的能力不是你的武器，而且蒙蔽了你。

在你还能够不求生计、无忧无虑地学习生活的时候，想想什么可以是你的核心能力，能够保证你未来的生活。在你已经为衣食奔波的时候，想想可以继续学习什么，如何打磨自己，让你过上更为舒适的生活，实现高于现实生活的梦想。

兴趣爱好广泛没有错，但是总要有一门实打实的真本事。不要让你身上看似背满了刀，遇见荆棘，却无能为力。

每七年，关一年

□流念珠

> 每隔七年就关闭设计工作室一年，以便可以外出休假，恢复自己的创作灵感。

设计师斯蒂文·布鲁斯很多年前在美国纽约开有一家设计工作室。一直以来，他兢兢业业地工作，效果却不佳。看起来，工作室每天都在不停地接单、接单，但斯蒂文心里明白，自己没几样设计能真正拿得出手。

2008年9月的一天，一位客户上门，请斯蒂文设计一系列趣味T恤衫；隔了一会儿，另一位客户上门，请斯蒂文设计一张有特色的茶几。此时，斯蒂文刚完成之前客户交代的一项重大设计，实在是筋疲力尽。斯蒂文接下了这两个单子，送走两位客户后心想：再这么设计下去，我会没命的。他把两份设计工作交给助手，跑回家收拾行囊，然后头也不回地跑去了机场。

斯蒂文买了一张去印度尼西亚巴厘岛的机票，踏上了那块充满灵气的土地。他以为可以好好度个假，却不想，巴厘岛不仅蚊子多，野狗也多。他购买了大量的驱蚊剂来对付蚊子。可对于野狗，他就没办法了。那些野狗每天都绕着斯蒂文的房子乱跑乱叫，见斯蒂文出来，它们还时不时冲上来想攻击他。

斯蒂文对那群野狗恨得牙痒痒，于是想到了报复。有一天早晨，他带着相机出门了。没一会儿，野狗们出现了。斯蒂文靠近一只野狗就给它来一张"特写"。野狗们有的吓跑了，有的吓呆了，有的则表示出好奇，靠得更近了。见野狗姿态百出，斯蒂文更加肆无忌惮地拍照。随后，他回到住处整理照片。他的想法很简单，就是想把这些照片打印成海报，然后张贴在房子外墙上，准备来个"以狗镇狗"。

可看着看着，斯蒂文就改变了想法。相机里的狗狗照片，每一张都十分有趣、可爱，它们有的在狂奔，有的在龇牙咧嘴，有的则蹲坐在地上伸出长舌喘气。斯蒂文马上拿起手机打给助手，交代说T恤衫的设计由他亲自完成。几天之后，斯蒂文设计出了99狗像系列T恤衫，每件T恤衫上都有一只不同形态的狗，T恤衫背后还印有一句斯蒂文对狗略带报复性的调侃语，"这么多的狗，那么少的人"。

又过了几天，斯蒂文受到巴厘岛一家专卖指南针商店的启发，设计出了一张别致的茶几。斯蒂文在茶几的玻璃面下整齐摆放了330个小指南针，而后又特制了一个底部带有磁铁的咖啡杯。如此一来，咖啡杯一放到茶几上，玻璃面下的指南针就会拼命地动，指针全都朝向咖啡杯，以它为中心，十分有趣。

完成这两个设计之后，还身在巴厘岛的斯蒂文突然接到了许多客户打来的电话。电话里客户们几乎都提及了99狗像系列T恤衫和指南针茶几。"请你也帮我做一做类似的设计吧，它们很有趣。"客户们这样说。斯蒂文觉得不可思议，他认真想了想，想明白了一件事：99狗像系列T恤衫和指南针茶几的设计并没有多出色，但自己在设计上打破了之前的固化思维，客户们开始对自己另眼相看了。而这些创新思维，完全得益于一场休假。

斯蒂文开始思索休假的力量。他联想起了许多因为闲余时间或休假获得创造力的伟大公司和人物。

总部位于美国明苏达州圣保罗市的3M公司，很早之前就提出"15%规则"，让研发人员每个星期可以拿出15%的工作时间，用来研究自己感兴趣的东西，不管这些东西是否直接有利于公司。结果，在100多年时间里，3M公司平均每两天研发出3个新产品，品种类超过6000种。

全球最大搜索引擎公司之一的谷歌，也模仿3M公司的做法。他们虽然规定每项工程都要有计划、有组织地实施，但公司还是允许每位工程师拥有20%的自由支配时间，让他们去做自己认为更重要的事情。实践证明，谷歌的许多好项目都源自工程师的那20%的时间。

2011年被评为21世纪第一个十年全球最佳厨师的费兰·阿德里亚，以创新的"份子厨艺"驰名。他的餐馆位于西班牙布拉瓦海岸，每年只在四至九月营业，另外六个月关门，因为他要用这段时间来做试验，令食物的质感改变，让食客品尝到与众不同的口味。目前，费兰·阿德里亚每年能接到220万份预订申请，他却只接待8000人。

斯蒂文很感慨。他当即做出决定：每隔七年就关闭设计工作室一年，以便可以外出休假，恢复自己的创作灵感。

多年来，斯蒂文一直在践行"每七年，关一年"的设计理念，并取得了优异的成果。他说："很多人认为休假是在浪费时间。实际上，休假蕴含着巨大的价值。当你把休假作为自己开阔视野、摆脱僵化思维的方式时，就会获得超出想象的创造力。"

人的脚步声

□川端康成

"当双脚在人类身上发挥真正作用的时候,灵魂却意外地失职了,也许听不到健全双脚的脚步声是意料之中的事。"

比起那寂静的医院,外面的世界显然棒极了。

通向咖啡店二楼阳台的门现在已经敞开,侍者的服装是那么整洁一致。

冰凉的大理石似乎不会对他造成影响。他用右手托腮,将胳膊肘支在扶手上。他的眼睛不愿放过每一个行人,好像他们是美丽的珍珠。人们在蓬勃生机的灯光下,起劲地在人行道上行走。而二楼的阳台只有一个人的高度,确切点说,只有一个普通人的高度。

"对于季节感,城市和乡下都是相反的。你不觉得吗?乡下人有他们自己判断夏天的方法。在乡下,大自然,特别是花草树木比人要更多地罩上各个季节的新装;而在城市里,人们的流行时装早已胜过大自然的色彩。许多人就这样在街上行走,制造出初夏的气氛来。本应属于大自然的夏天被人们抢得所剩无几了。"

"人的初夏?倒也是。"

他一边回答妻子,一边想起医院窗前盛开的泡桐花的芳香来。那时,他一闭上眼睛,各式各样的高跟皮鞋就在脑子里面穿梭不息。

这是一双怎样的脚呢?是蹬过物体时那害羞中又带有狂喜的双脚;是临终时微微抽动,立刻又僵直的双脚;是轻压在马腹上枯瘦的双脚;是轻轻扔掉艰难,接着勇敢面对下一个苦难的双脚;是膝行而乞至深夜,又突然站立起来的双脚;是从母亲股间刚产下的婴儿那稚嫩的双脚;是每月几百块钱,每天工作而疲于家务的双脚;是蹚过浅滩时把清澈的流水的感觉从踝骨吸到腹部的双脚;是迈步去觅寻爱情的双脚;是昨日以前脚尖还互相朝外,而今天却一反常态朝夕相对的双脚;是带着口袋里的那沓沓钞票阔步而行的双脚；是脸上微笑而内心不安的世故女人的双脚；是从街上回来脱下布袜子凉快的冒汗的双脚；是代替舞女的良心在舞台上叹息昨晚的罪恶的美丽双脚；是在咖啡店里让脚后跟唱出抛弃女人的歌的男人的双脚；是在悲痛与快乐间难以取舍的双脚；是运动家、诗人、放高利贷的人、贵夫人、女游泳家、小学生的双脚；双脚、双脚、双脚。——更重要的，它属于我的妻子。

顽固的关节炎折磨了他大半个年头，而最终那条病腿永远离他而去了。由于这只脚，他无数次地被痛苦与疼痛纠缠着，一个劲儿地眷恋着这家咖啡馆的阳台。因为这阳台可以满足他内心深处的欲望。他首先贪婪地眺望着别人健康的双脚交替地踩在地面的姿影，然后静静地感受这一切，就像那是自己的双脚。

"脚对于人来说是多么的重要啊！我开始怀念夏天了，我希望在初夏之前出院，到那家咖啡馆去！"他望着素白的木兰花对妻子说，"到处都有裸露的双脚，无论是在海边还是在街道上。人最健康最爽朗地行走在都市的时刻也是在初夏啊！我不允许自己错过那一时刻，绝不！"

他仍呆立在那个阳台上，神情永远是那么专注，仿佛大街上过往的行人都是自己的情人。

"微风也是清新的呀！终于闻到了换季的气味。贴身衬衫已不用多讲，就连昨日刚做的头发今天也像沾上了尘土，你不觉得吗？"

"那倒不觉得。我只在乎那一对对健康的脚！"

"那么，我也到下面走走，让你看看好吗？"

"那太棒了，在医院，我快要截肢的时候，你就曾答应要成为我永远的依靠。"

"你感觉舒服吗？我是说现在。"

"安静些好吗？你扰乱了那些脚步的声音。"

他听得那么认真，如同在听一场盛大的演唱会。不久，他合上了眼睛。这样，街上行人的脚步声，像落在湖面上的雨声，滴滴答答地落到他的心里了。那副泛起微妙的喜悦表情似的疲惫脸颊又明朗起来了。

然而，这种明朗并没有持续太长时间，取而代之的是那苍白的面孔和病态的双眼。

"那么，为什么我听不到一双健全脚的声音呢？难道他们都是瘸子？"

"亲爱的，别要求太多了——就说人的心脏吧，也只是一边有嘛。而且，脚步声之所以混乱，我认为也许会有别的原因，悉心细听，也许是一种运载灵魂的病痛的声音；还有可能是肉体在向大地悲伤地约定举行魂葬的日子的声音，别太在意这些，任何事情都因人而异。"

"但是，我确实听到了不整齐的脚步声，可以说是一种病态的脚步声。大家不是都像我一样是瘸子吧？自己失去一只脚，本是想体味一下健全的双脚的感受，可是我没能得到我想要的，因为似乎他们也没有。更没想到种下了新的忧郁，必须找个地方把这种忧郁清除。不如去乡下吧？我需要那种健康的声音，也许只有那里才能找到，所以，我必须得试试。"

"这太荒唐了。不如去动物园听听四腿走兽的脚步声更好。"

"也许你是对的，也许只有飞禽走兽才拥有真正完美的脚步声，而在人类社会却始终找不到！"

"别把那些当真！亲爱的！我只是随口说说，忘了吧。"

"当双脚在人类身上发挥真正作用的时候，灵魂却意外地失职了，也许听不到健全双脚的脚步声是意料之中的事。"

几天后，他重新拥有了一只脚，当然它并没有生命，在乘上汽车的那一瞬间，他仍然需要妻子的搀扶。也许是受他的影响，也许是汽车本身的毛病，一路上，在微弱的灯光下，不和谐的汽车声一直没有间断。

为什么机场书店卖的都是成功学

□ 力 亚

> 从你的书籍品位，就能看出你的社会阶层。

也许不爱读成功学的你，对这种书嗤之以鼻，并不理解机场书店的做法。但你可能并没想过，机场每本成功学书的背后，都牵扯到社会阶层、流量红利、飞机延误、机场租金等错综复杂的因素。

机场商铺位，大概是租金最贵的地段之一，可以买到奢侈品、威士忌白兰地、中华烟、星巴克……以及，成功学书籍。

在机场书店，这样的场景你一定很熟悉：书架上摆着诸多打着"马云"旗号的管理书籍或语录，最显著的位置反复播放着卡耐基大师的演讲，各类商界名人穿着不合体的西装，秃顶发福的大头照占据了自传封面的4/5，星座大师、算命先生偶尔也能占据一席之地，和整洁宽敞的机场、匆匆而过的商务人士相映成趣。

为什么机场这么爱卖成功学书籍？

你不一定是它的读者

你不爱看成功学，不是因为你不想成功，而是你并非它的受众。

中国民航64.5%的常旅客是20~40岁的青壮年，而且以男性居多，总体受教育水平较高，超过一半大学毕业，另有1/4至少硕士；有近一半任职于商业贸易或服务业，或是在政府部门工作，而且20%的人愿意花几倍的机票钱坐头等舱。这群对高物价有足够承受能力的人，才是机场书店的目标受众。

在美国，社会经济阶层较高的人群更喜欢现实主义，比如传记、历史和非虚构类图书；相反，充满幻想、宗教书籍和爱情小说，则比较受低收入者的喜欢，原因是他们对于超出自己阶层的书籍难以产生共鸣。

法国的情况也相似，爱情和惊悚小说在工人阶级特别受欢迎。正如法国人类学家皮埃尔·布迪厄的总结：从你的书籍品位，就能看出你的社会阶层。

面向商务人士销售成功学书籍，不过是书店、书商最浅表的营销策略。

2012年，全国各地的机场一夜之间全都上架了莫言的小说。在机场书籍的采购员眼中，这跟中国人能拿诺贝尔文学奖一样，都是小概率事件。不久后，莫言就被巴菲特和比尔·盖茨换下了。

这样的例子比比皆是：2010年火了《李开复自传》，到2011年就换成《乔布斯传》。接着，郎咸平和卡内基分别接力2012年财富经管类书籍畅销榜。曾通过《百家讲坛》成名的大师书籍也一直风靡到2012年左右。年年更新的属相运程和星座运势更是机场书店的销量保证。

这不仅是机场书店的选择，更是中国出版行业的选择：谁最挣钱，就卖谁。

2015年，经管类图书的出版收入占去中信出版集团总营收近60%。2016年，出版收入更是升至占总营收的73.32%。2017年，畅销排行前1%的图书为整个市场贡献了51.7%的销售额。所以不管是机场，还是火车站、景区和商场，所有的书店都爱卖成功学。

纵观机场畅销榜，排名前十的书名多以"手册""人生智慧课""经典××则"的方式，贩售适用性，明示或暗示"我的成功，你可以复制"。

商务人士崇拜成功的企业家，熟悉并依赖商业版图的话题，无疑固化了机场畅销书的种类。

飞机延误换来的销量

众所周知，中国人是全世界最不爱看书的，但我们的机场给商务人士提供了更充足的阅读时间——冠绝全球的飞机延误时长。

2015年，航班统计网对全球188个大中型机场做了个准点率排名。垫底的10家机场，国内占了8家。2016年，国内航班起飞平均延误时长为33分钟。

飞机延误虽然会让你负面情绪爆棚，但却给机场商店创造了商机。在机场商店的眼中，乘客在进入安检直至最终登机的时间，也是商店冲刺本月销售关键绩效指标的"黄金时刻"。

平均来看，乘客每候机半小时，会用近20分钟去逛商铺。乘客在机场等待或滞留时间每增加10分钟，机场零售收入就会增长16%。

美国丹佛国际机场的零售报告显示，受调查的旅客中，等待时间超过3小时的，70%会去书店或看或买。

对于这些没时间休闲，却必须得有时间等飞机的人，碎片时间利用起来，学习企管和掌握个人运势，也不失为与生活抗击的一计。

机场成功学真的赚钱吗

但是，单靠贩卖成功学书籍就能在机场立足吗？

机场是城市中租金最贵的地段之一。拿首都机场T3航站楼来说，一个书店的租金区间在每平方米每天55元到82元。而一般实体书店每天每平方米的房租在10元左右。再加上经营成本和人员成本，本来利润微薄的书店很有可能在机场淘金未卜。

但机场的优势在巨大的人流量——欧美的民航旅客构成丰富，国内也正经历由政商旅到休闲旅为主的转变。如何吸引川流不息又受制于航班时间的旅客，机场书店的小心思其实花得更多。

你最烦的大屏幕里的成功学演讲就是机场成功学的另一变种。

机场书店品牌之一"汇智光华"，每年营收的一多半来自图书杂志和培训光碟的销售和推广。

除此以外，汇智光华还承包"成功学大师"们的推广业务，到如今已经成功捧红了被称为"中国式管理之父"的曾仕强、"华人管理教育第一人"的余世维、"企业战略培训师"高建华、"著名华人亲子教育专家"陆惠萍……

2015年，这些讲师和时尚杂志的推广费构成了"汇智光华"的第二大收入来源。加上出版物销售，汇智光华基本上就是靠成功学养活的书店。

另一机场书店品牌逸臣文化通过图书和音像制品在2015年带来的销售毛利润占总毛利润的45.44%，而通过人流量带来的间接广告效应获得的毛利润占据41.5%。

机场里的人其实很爱看广告，有八成的民航常旅有扫览机场广告的习惯，而且相比其他地点，机场的航空受众被定义为高端消费旅客。在这里，你几乎不会看到男科医院、无痛人流之类的广告，但你会看到世界首富为你规划的财务自由之路，光鲜亮丽的明星为你描绘的高端生活方式，在宽敞整洁的机场里，体验一次中产阶级理应享有的空气，直到机场广播通知你：飞机延误两小时。

去做一份让你变美的工作

□艾小羊

> 女人越自信，越容易在穿着打扮上找到自己的风格。

跟孩子去西餐厅吃饭，遇到以前小区的清洁阿姨。她在这里做服务员，比6年前看上去更年轻、更漂亮、更开朗。

当我们把这些话讲给她听时，她一边特别开心，一边露出难以置信的神情，说这里比以前还累呢，怎么可能年轻漂亮了……

我说因为这份工作更适合你啊！

她想了想，说好像真是呢——她喜欢这里的工作环境，喜欢跟打扮优雅的客人打交道，餐厅发的优惠券让她可以带儿子来吃饭，她觉得自己的收入虽然没有增加，活儿也比以前累，但她的工作变得有价值了。

我自己创业后，一个在大公司做人事的朋友，一再劝我"对员工要以貌取人"。她说的以貌取人，不是颜值歧视，而是看一个员工，在你这儿工作三五个月后，与他刚来的时候相比，是不是变漂亮、变精神，连走路都脊背挺直，虎虎生风了。

我们团队几年中来来往往的都是女性。有一个女孩，我印象特别深。

她在家全职带了三年孩子，复出的第一份工作是在我这里做新媒体编辑。之前的履历不错，但因为在家待的时间太久，生育前的工作也比较轻松，她在我们团队一直处于节奏跟不上的状态。

因为跟不上，人就变得敏感焦躁，同事关系也有点紧张。

有一天早晨快到公司的时候，我看到前面走着一个人。短头发，穿一条黑裤子，一件灰白色的T恤衫，走路很慢，头低着，背也驼着。那是初春，阳光正好，温度适宜，大家都穿得漂漂亮亮，她显得格外扎眼。

我想这个女孩好像病了，走到她前面转头一看，是我那个员工。

我没注意她什么时候剪了短发，总记得她来面试那天，穿着深蓝色印花裙，头发在脑后绾起，皮肤白嫩，走路像踩在弹簧上一样。

她外形的变化，让我心里咯噔一下。

果然，三个月试用期满，她主动提出离职。我没留她，她颜值的变化其实已经说明了一切——这份工作"不养她"，没必要再耽误她。

有个闺蜜，是我在杂志社的时候认识的。

那时候，她刚从小城市来到武汉，做事畏首畏尾。不到半年，她成了我们杂志社最敢穿的女孩，夏天经常穿露背装出去采访，她做的稿子，跟她本人一样，充满女性的妩媚与性感。我总笑她，你刚来的时候，穿得跟大妈似的。

她低头想想，说："我真的很感谢这份工作。"

后来她离开杂志社，在家里做了一段时间自由撰稿人，再后来，去北京创业。上个月我去北京出差，约着一起吃火锅，互相吹捧"你变年轻了"。

后来我仔细想想，岁月并非没有在她脸上留下印记，之所以我依然觉得她比以前年轻，不是脸上没皱纹，而是神态变了，眼睛里有光，动作也像男生一样洒脱果敢。

大约是这些，让我觉得她变年轻了，希望我在她的眼里，也是如此。

岁月总会改变人的容貌，它能让你变老，但不会让你变颓。如果你一直做着自己喜欢的事情，不断接受挑战，变得更强，会有一股向上的力量，折射在你的穿衣打扮和言谈举止上。

经常有人说，从一个人的颜值变化，可以看出她的婚姻好不好。其实放在职场上，是一样的道理。对于职业女性来说，选工作跟嫁人差不多。选对了，高山流水遇知音，越做越顺，越来越自信。你的收入增长和自我成长，都会体现在外表和颜值的改变上。

女人越自信，越容易在穿着打扮上找到自己的风格；她在工作中获得的成就感越多，越能走路昂首挺胸，说话清晰有力。

所以，一份工作好不好，你在那里能不能找到自己的位置，有没有前途，别问别人，看看镜子。看镜子里的你，还有没有当初闪亮的眼神；每天上班，还愿不愿意精心打扮；下班的时候，是一个人驼背低头走出办公室，还是昂首挺胸地与同事边讨论问题边走向地铁站。

工作是一时，颜值是一世，努力去找一份让你越来越美的工作，你变美了，这份工作再苦再累，也适合你。

保持可爱，才最珍贵啊

□ 闫晓雨

> 胖瘦和爱情这两件事之间，并无直接关系。

蛋卷小姐来找我的时候，约在一家甜品店。

抹茶千层、樱花冻，以及搅拌出热带气息的柱果西米露，她通通推到我面前，示意这是为我点的。她面前是一杯加了冰块的柠檬水，猛地吸吮，柠檬切片会笨拙而有力地亲吻上吸管的另一端，她涨红了脸，满是不好意思。

我把菜单主动递给她，她却摆摆手说："不要，我看你吃就好。"这完全不符合蛋卷小姐的性格啊，要知道，蛋卷小姐从前可是个嗜甜食如命的姑娘。

可自从遇到薯条先生以后，她把自己爱吃的东西，大半都戒掉了。薯条先生喜欢清瘦的女孩，微博里点过赞的明星都是楚宫细腰，身姿袅袅。但蛋卷小姐完全不是这款，她长得圆润可爱，有一张娃娃脸，吃起东西来的样子最诱人。

薯条先生是蛋卷小姐的健身教练，最初她去上课只是为了陪好友一起去，后来在不知不觉中，被薯条先生的风趣和乐观所吸引。他侃侃而谈，从来不会让人觉得枯燥乏味。蛋卷小姐喜欢他脑子里装满的新鲜事儿，喜欢他的笑，喜欢他绷着脸严肃地告诉她"晚上7点钟之后少吃东西"的样子。如果运动可以让人离想要的生活更近一点儿，那我愿意放弃火锅烧烤冰激凌，换来在你身边的好心情。

可蛋卷小姐忽略了一件事情。减肥和爱情一样，都是听起来容易，实战中却最易让人缴械投降。你不能苛求自己一下子从胖子变成瘦子，同样，你也无法奢望一个压根儿不爱你的人，因为你所做出的改变，短期之内对你来个180度大转变。

在薯条先生眼里，蛋卷小姐是个特别可爱的女孩，但不是他爱的女孩。

眼看着自己的体重数字在秤上的微妙变化，原本应该很开心的蛋卷小姐，似乎没有想象中的那么快乐。为了让薯条先生看到她的努力,她尽量克制自己不去吃喜欢的食物,拒绝下午茶。

但薯条先生对她依然不咸不淡,和普通朋友差不多,有时候在健身房夸一句她好像瘦了,蛋卷小姐才像活过来的样子。

偶尔深夜陪我们出来撸串,蛋卷小姐都坐在角落里碎碎念,仔细听,是她的自言自语:"我不饿,我不饿,我不饿。"

"你打算减肥到什么时候?""等到他喜欢上我的那一天吧。"我不敢再说下去,如果他永远不会喜欢你呢?不管你是胖是瘦,体重几位数,他就是对你无动于衷呢?

因为一个人而改变自己,这份勇气可嘉,可这样的做法并不值得骄傲和借鉴。因为这是建立在伤害自己的基础上。比起得到别人的喜欢,保持自己的可爱,才更珍贵啊!

蛋卷小姐一开始把对方不喜欢她,归结于自己不够瘦。可当她真的狠心瘦了下去,她却悲哀地发现,自己不仅丢掉了爱情,也丢掉了自己。所以胖瘦和爱情这两件事之间,并无直接关系。

蛋卷小姐在意识到自己过去几个月所做出的改变其实并没有让自己变得快乐之后,索性放宽心,没有再刻意要求变瘦。

几个月之后,再刷到蛋卷小姐的朋友圈,是她正在跑步的照片。照片上的她看起来气色很好,脸颊饱满了不少,笑起来,整个人在晨光的沐浴中神采奕奕。

她恢复了正常饮食,但学会了适当克制。依然会去健身房,但不再频繁。我没有追问她和薯条先生的后续,因为那已经不重要了。

我们每个人身上都有25%的性格来自基因,有25%的性格成就于家庭教育,有25%的性格塑造于成年后所经历的一切,还有25%,留给了喜欢的人,我们终将在爱中得到自我的成长。就像瘦不是唯一的审美,爱也不必单行道走到黑。

先吃最喜欢的菜，否则有吃不到的风险

□ 克丽丝特尔·佩因

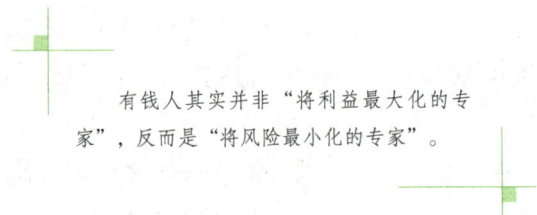

有钱人其实并非"将利益最大化的专家"，反而是"将风险最小化的专家"。

请你想象一下，眼前有一盘精致的饭菜，你会先吃其中最喜欢的菜吗？还是会把最喜欢的留到最后享用？有钱人通常先吃最喜欢的那道菜。

那是因为，如果把最喜欢的菜留到最后，万一不小心吃太饱，就有可能吃不下；也可能突然发生不可预期的事情，必须在吃掉它之前就离席；还可能没来得及下筷就被别人吃掉了。换句话说，如果把自己喜欢的食物留到最后享用，无法确保自己一定能吃得到。其实，这对有钱人来说，就是很大的"风险"。

尽可能而且优先排除无法预测的风险，是有钱人的行为法则。换句话说，如果风险是"可能无法吃到自己喜欢的菜"，只要在风险发生之前，把它吃掉就对了！

通常，在有钱人的大脑中会先有预想的结果，然后再从结果去逆向思考"目前应该要做的事"；但是普通人的脑中大多是顺向思考，从现在思考到未来，尽可能向前进。所以他们不会知道结果是什么，只是一味紧张地迎接即将到来的结果。

所以，可以说，有钱人其实并非"将利益最大化的专家"，反而是"将风险最小化的专家"。举个例子来说，如果某天一只股票损失了500元，有钱人不会在这个损失得到弥补之前再忍耐一下，而是尽早止损，然后重新寻找投资的机会。

对他们来说，弥补损失所花费的时间反而是种浪费！因为在他们看来，"花费时间"其实也意味着"这期间所隐藏的机会"跟着消失了。

所以说，在有钱人的心里，非常重视"现在"这个时间点。因为下一个瞬间会发生什么事不知道，这就是一种"风险"。因此，他们尽可能把握现在，把不确定的风险排除，这才是他们的作风。

修炼情商，

加速驶入人生超车道

XIULIAN QINGSHANG

把话说到别人心坎上，把事做到点子上，在人际关系中如鱼得水……提升情商，使我们能够用有限的知识去运作无限的世界，在忙乱的世界中守住内心的安宁与富足。

当坏事发生时，你需要知道的五件事情

□朱雯娜

> 考虑到生存，只有不会忽视或低估可能的危险，快速而果断地做出反应，并将这些教训记在脑海中的人才能生存。

坏事总会发生

正如美国心理学家罗伊·鲍迈斯特（Roy Baumeister）所说："负面事件比正面事件更顽强。"

负面事件比正面事件顽强多少？在文学中，它们出现的比例是5∶1，这是一个非常不平衡的比例。但从进化论的角度来看，这是完全合理的：在一个物种竞争激烈的世界里，波丽安娜效应（潜意识层面，人脑会倾向于关注乐观向上的信息）无法帮助我们的祖先。考虑到生存，只有不会忽视或低估可能的危险，快速而果断地做出反应，并将这些教训记在脑海中的人才能生存。同样，从进化的角度来看，负面事件也鼓励了人们在困难时期寻求彼此的支持，并建立合作关系。

你管理消极性的技巧决定了你的心理韧性

幸运的是，尽管负面事件对我们的影响更大，但它们的发生频率远低于正面事件。但从人格理论的角度来看，当真正的麻烦来临时，我们并不擅长处理。根据其中一种理论，更敢于接受挑战、更在乎成就而不是失败的人，从损失和挫折中恢复过来后，比那些惧怕失败的人会准备得更充分，也更不易紧张。那些因为担心潜在的失败而永远防备着的人会在遭遇窘境的时候更不具有心理韧性，他们更有可能从此一蹶不振。（请记住，我们所有人都会在不同的方面，采取接近或回避的立场，这是人们的正常行为。）

另一种人格理论，把人们分成了"行为导向"和"状态导向"两种情况。行为

导向的人控制着不让他们的消极情绪宣泄而出；他们能够在承受压力时保持积极的自我认知态度，并不像状态导向的人那样依赖外部因素。相比之下，状态导向的人很容易被周围消极的情感和思想所影响，当事情变得艰难时往往会反思、犹豫或拖延。根据定义，他们的心理韧性会较差。

你如何定义自己很重要

研究发现一个常识性问题：如果损失或挫折发生在对自己认知越核心的地方，打击就会越沉重。这就是为什么根据美国耶鲁大学社会心理学家帕特里夏·林维尔的作品《自我复杂性作为对抗压力相关疾病和抑郁的认知缓冲》，有更多重、更复杂的对自我定义的人具有更强的心理韧性，这是因为他们有更多方面的自我未受到挫折与打击的影响。

在进行自省之前，请考虑林维尔关于自我心理表征（积极的或者消极的）的定义：特定的事件或行为，特征，在群体中对自己角色的认同，身体特征，人生目标，记忆和关系。例如一个经历过重大事业挫折的人，就会由于他对自我的看法相对更复杂（父亲和配偶、兄弟、教会的市议员、社区活动家、高尔夫球手、木工、有抱负的编剧、篮球运动员），而比那些用自己的工作和生产者角色来定义自己的人更有心理韧性。

考虑到这一点，心理韧性可能并不是文化形态所定义的性格特征，更可能取决于人格和我们的自我认同方式。

抽象思维可以增强心理韧性

让我们想象一个情景，你失去了一段重要的人际关系——也许是你生活中最关键的情感联系——你正在努力寻找重新站起面对未来的方法。在他们的书中，查尔斯·卡弗和迈克尔·沙伊尔指出，以更抽象和一般的方式来思考未来的目标可能会增强心理韧性，甚至有助于成功恢复。与其专注于失去的东西，抽象思考反而会开辟更多的方法来实现目标，比如"我希望能够和恋人一起吃晚餐，一起蜷缩着睡着"，或者"当我走进门时，我希望有人在那里"，意识到亲密关系才是你真正需要的。这不仅开辟了许多可能性，包括寻找一个失去的爱的唯一替代品，也可以在一个糟糕或痛苦的事件之后增强你的心理韧性。

你为小事焦虑过吗

不知道契科夫是否真的说过这样的话："任何白痴都可以应对危机，毕竟正是你的日常生活让你感到疲惫不堪。"

虽然这并非完全正确,但有证据表明,即使没有改变生活的大灾难,当这些日常困扰成了重复模式时,还是会使心理韧性和心理健康受到损伤。不同的因素都会影响我们心理抵御日常磨损的能力,包括教育水平、收入水平、掌握或控制环境的感受,以及社会支持的力量。

例如,虽然受过良好教育的人承受的日常压力比受教育程度较低的人更多,但他们的身体状况和心理健康都要好很多。无论压力源,还是相应的应激反应,都受到年龄与性别的极大影响:年轻人和中年人在日常生活中往往比60多岁的人压力更大。女性更容易受到网络上朋友和家人的压力,男性更容易遭到工作方面的压力。当然,如果这些压力与生活中其他重大负面事件共存——如家庭成员的疾病、自身健康的下降、离婚——对人的心理韧性的挑战可能变得更大。

变得更有韧性的一种方法是,意识到你的心理防御系统中的裂缝,并尝试发现自己的个性和应对生活的方式中,是什么让你难以渡过难关。

无人见处的优雅

□陈柏清

> 一个人于无人见处的优雅，可以说是一种勇敢，因为它跨越了太多磨难，原谅那么多丑陋，最终看到花开。

我读书的时候，家里很贫困，生活费常常捉襟见肘。同宿舍的一个当地女孩见我状况如此窘迫，便跟我商量，每周六、周日帮她姑奶奶家的保姆串班，去照顾她的姑奶奶。管食宿，薪酬也不错。

第一次去老太太家，还没见到人，我就被她家的环境打动了，一律白色的家具、地板，大青花瓷的瓶子里插着艳红的玫瑰，淡黄色的碎花壁纸，给人温馨舒适的感觉。

同学喊姑奶奶，一位老太太应声而出，她坐着轮椅，杏色的针织罩衣，米白色的睡袍，满头银发，戴着水晶眼镜。很明显化了妆，胭脂腮红，还有殷红的唇色，和她满头银丝配起来，很好看。同学说："姑奶奶，您都够漂亮了，还打扮得这么美，想迷死谁啊？"老太太俏皮地回答："不为迷死谁，我得先让我自己着迷。"

第二天早晨，我准备好早餐，等了一会儿，见她没到餐厅来，便去寻她，看见她正坐在卧室的梳妆镜前精心涂口红。我倚着门框说："您的妆化得真好看。""我好不好看呢？"她扭过头来，微笑地看我，眼神里有几分孩童的顽皮。说心里话，虽然张奶奶（我对老太太的称呼）已经80多岁，但她身上确实有一种超乎年龄的明媚，还有举手投足间的优雅。我于是老老实实点头说："很美。"

老太太的生活很简单，平时她喜欢坐在窗前的沙发上看书，姿态很优雅，尽管我觉得也许她把腿放在茶几上会更舒服。我有时甚至想，是不是因为我在场，老太太放不开？我延长到别的房间打扫卫生的时间，可是偷偷看，她还是那个姿势。如果累了，她便拄着拐杖站起来活动一下。

由于腿部疾病,她几乎足不出户,可是即使每天穿睡袍,也是日日更换。我初来乍到,对于她的口味还摸不清,但她从不抱怨,只是在餐桌上教我,黑米蛋糕要怎样烘焙,水晶豆沙放多少合适。她的态度永远平和,就像一脉温泉静静地淌在每一个波澜不惊的日子里。因此我相信了,有些人,优雅已成为生命的底色,并不是刻意为之,无须在人前故意如此。

读大学四年,我照顾老太太三年,第四年她儿子接她去了国外。我觉得这三年我在老太太那里得到的不光是薪酬,还有骨子里的优雅。

一个人于无人见处的优雅,可以说是一种勇敢,因为它跨越了太多磨难,原谅那么多丑陋,最终看到花开。

耐看女子如花开半枝

□王太生

> 耐看是气质。气质佳的女子,必是耐看的女子。

实事求是地说,有些女子长得不算很漂亮,但是她耐看。比如芸娘,长相不是太出众,却极有气质和品位。《浮生六记》里说她,"其形削肩长项,瘦不露骨,眉弯目秀,顾盼神飞,唯两齿微露,似非佳相。一种缠绵之态,令人之意也消"。虽笑而露出两颗小白牙,少一点点佳人神韵,却是很耐看。

芸娘聪慧、灵动,懂生活。清明扫墓,她见山中顽石有青苔纹,便捡石回家叠盆景假山;丈夫的朋友来家里玩,她卖了自己的钗子来沽酒,没有半点犹豫之色;油菜花开时,她雇了馄饨担子给丈夫的赏花会准备热酒热菜;夏天荷花初开,待晚上花朵闭合时,她用小纱囊,撮了少许茶叶,放于荷花蕊浸润,次日清晨取出,烹雨水泡茶……

美艳或俏丽,很大程度上是打扮出来的。有的女子不施粉黛,乍一看,没有什么惊艳面庞,天长日久,却是耐看。

从前,城里人以瘦为美,农村人以胖为贵。庄户人家的儿媳妇刚过门时,也没有觉得她长得出众,细眉毛、大眼睛、矮身材,微胖,相貌平平,谈不上美艳,从她平时的举止看,围灶抹锅,割麦插秧,笑吟吟,慢性子,遇事不急,一脸和气。时间久了,相夫教子,日常生活中却是耐看。

耐看是气质。气质佳的女子,必是耐看的女子。耐看是脾性。好脾气好性情的女子处事不惊,平平淡淡。耐看是脸庞有满月之色,面带喜气,眉眼生动。

与芸娘相比,秋芙是中国古代另一个温存女子,从蒋坦的《秋灯琐忆》看,虽无西施、貂蝉之貌,但也很耐看。

秋芙慧聪智敏,风流蕴藉,梳的是堕马髻,穿的是红纱衣;她会做一种很美的绿诗笺，是用戎葵叶和云母粉一起提染而成；她还抄过《西湖百咏》，书法不是上佳，但字迹秀媚。酷热的夏夜，他们去寺庙游玩，遇一场大雨。雨后竹林清风飒飒，山峰如黛，又遇到有趣的查姓僧人留他们吃饭，秋芙兴之所至，题了诗，还弹了琴；春天，秋芙拾桃花瓣砌成字样，却被狂风吹散，不禁怅然；丈夫给她画梅花衣，"香雪满身，望之如绿萼仙人，翩然尘世"；秋芙在丈夫无钱招待朋友时，"脱玉钏换酒"；秋天的傍晚，丈夫听屋外秋雨，提笔在蕉叶上写诗："是谁多事种芭蕉，早也潇潇，晚也潇潇？"第二天见叶上有续写笔墨："是君心绪太无聊，种了芭蕉，又怨芭蕉"，字迹工整端丽，又有意趣——天下耐看女子，莫过如此。

耐看，有一种日子长短的美丽。月下弹琴的女子，姿态耐看；雨巷中撑油纸伞的女子，背影耐看；初夏风中卖栀子、白兰花的女子，神态耐看。

画中人耐看。民国女画家潘玉良，从学生时代留下的照片看，高颧骨、厚唇、矮身材，表情严肃。她画过一幅自画像：柳叶细眉，细长的眼睛，红唇饱满，中式盘发精致，黑色旗袍典雅……人物的面部五官被弱化，气质烘托而出，端庄的仪态，优雅高贵的形象，反映了她的内心，变得耐看。

多年前，在小城，经常会遇见一两个长辫子姑娘，她们梳着两根粗黑的大辫子，长发过腰，绝无娇惜；语气轻柔，人很安静，有一种古典气质美，很是耐看。所以，林语堂说，芸娘和秋芙，是古代中国最可爱的两个女子。我倒觉得，她们是两个耐看女子。当然，耐看不仅仅止于女子。花开半枝，耐看。花开半枝，半开半闭，此时花苞尚未完全打开，开了一半的花骨朵儿，真的耐看。

画有留白，耐看。页宣纸，有山有水，山峦起伏，水流逶迤，画不是撑得满满的，只有一人、一舟，一人如豆，一舟如荚，多留空白，让观者回味，看了又看。

文有韵味，耐看。有些文，长则长矣，读起来不觉得长，是因为它好看，耐看；有些文，短则短矣，反复读并不觉得无味，也是耐看。《陋室铭》，横竖81字，却是字字珠玑，真的耐看。

山有险峻，耐看。灵性山水，云雾缭绕；珍禽异兽，奇峰怪石，林泉高致，似有隐者大笑，刚刚离去，空旷山谷，不绝如缕。如一人独坐敬亭山，青山与我，相看两不厌。

庭有格调，耐看。朋友相中一处转租的饭店，用来做民宿，那家饭店由于位置较偏，门庭冷落，撑不下去了。朋友相中饭店在城河边，后面有一块古城墙遗留下的土埠，荒芜多时。朋友依地势遍植花木，于半坡辟露台，让人喝茶聊天。下掘池，养红鲤数尾，引半坡之水，跌落其中，似有金石之声。初夏，香草蔓长，菡荷初醒，土埠上有一棵野桑树，紫色果、绛色果，已然老熟，引鸟儿争啄，风一吹，纷纷跌落。人坐在高处俯瞰，整个民宿，草木氤氲，翠色可人，还真是耐看，凡尘忘事，一看好半天。

朋友圈你最喜欢的那个人

□淡淡淡蓝

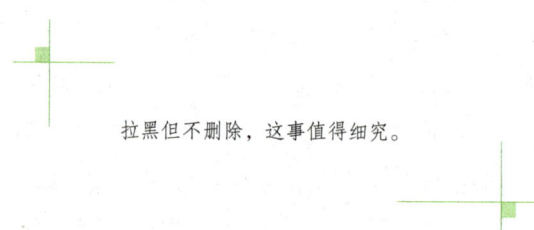

拉黑但不删除，这事值得细究。

    朋友圈无情地揭露了我们最隐秘、最阴暗的心理：我希望你过得好，但却不希望你过得比我好。

    请假出去长途旅行，发朋友圈时略犹豫：要不要屏蔽单位同事？毕竟他们在上班我在外面浪，我是不是在拉仇恨？但转念一想，果断地点击发送，没有屏蔽任何人。

    如果发一条朋友圈还要仔细斟酌，给哪个看，不给哪个看，那还不如不发朋友圈。虽然我知道，每一条发出去的朋友圈，必然会引起一些人的喜欢，一些人的赞叹，一些人的讨厌，一些人的羡慕和一些人的仇恨。可是别人喜不喜欢我，讨不讨厌我与我何干？毕竟，我又不想成为每个人朋友圈中最喜欢的那个人。

    有一天早晨醒来照例先在床头摸手机"批阅奏折"，看到手机屏幕上有一条微信消息，点开时，却发现消息已经被撤回。消息是凌晨一点发的，发消息的人不熟，加好友时自称看过我的公众号文章，很喜欢云云，加了好友之后却从未有过互动。

    当时也点进她的朋友圈看，只有一条横线。虽对这条发出又撤回的消息有些纳闷，但并不在意，继续刷圈，刷到了此人半夜发的一条朋友圈：拉黑但不删除，这事值得细究。

    顿时我秒懂。显然，这是一条专为发给我看的朋友圈。而那条半夜发出又撤回的消息，分明就是为了测试我有没有删除她而已。

    手指轻轻滑过她的朋友圈，不想做任何停留。再见吧，朋友，你不是我朋友圈最讨厌的人，我也不想成为你朋友圈最喜欢的人。

    都说朋友圈是一个小江湖，江湖里人心幽深微妙难测。有一句老话说：嫉妒心是不知道休息的。而在朋友圈，嫉妒心更是暗流涌动。老同学个个混得比你好，你心里实在不是滋味；女朋友嫁了有钱的老公，不是晒豪车就是晒奢侈品，你羡慕嫉妒强装笑颜保持祝福；文友们接二连三出书，你表面无所谓心里焦虑万分；某某的公众号文章都快10万加了，你眼红却愤愤不平；只有那个倒霉催的，管孩子作业管到吐血，不是加班就是在接送孩子培训班路上的中年奔波大婶儿，才能获得你的心理平衡，并奉送上一个真诚的拥抱。

朋友圈无情地揭露了我们最隐秘、最阴暗的心理：我希望你过得好，却不希望你过得比我好。因为，那会让我心酸、痛苦、羡慕、嫉妒、愤怒、腹诽、不屑等十八种复杂的心情齐齐涌上心头，难以言说。

熟悉的人终究无法成为朋友圈中最喜欢的那个人，即使他的朋友圈有精美的照片，有有趣的文字，有睿智的思想，但是，你没法做到不去和他比较。越是亲近和同等层次的人，那个"比较"的念头越会盘旋在你的心头，顽固地折磨着你。比较谁的孩子有出息，比较谁的生活更幸福，比较谁的才华更出色，只要有一个点落了下风，你就会有一些意难平。

朋友圈里我最喜欢的那个人，她在远方。我们不太熟悉，我们在现实生活中也没有任何交集，她是我朋友圈唯一的星标好友，不想遗漏她的任何一条动态。她是一个有趣的人，有一个有趣的朋友圈，喜欢看她四处旅行的照片，喜欢看她随时记录的旅行文字，还喜欢看她的美衣穿搭。那些我去不了的山川湖泊和大海，在她的朋友圈里我过足了眼瘾。我羡慕她吗？羡慕。我嫉妒她吗？从不。哪怕她有一架私人飞机，我也只有友好地惊叹。她的朋友圈，给了我源源不断的灵魂滋养。

最喜欢的那个人，还有那个爱摄影的单身女孩。因为一篇采访文章让天南地北的我们成为微信好友，爱看她用镜头记录的生活日常，一个人的生活被她安排得安宁舒适又诗情画意。前不久她去了北海一个人旅行，扛着三脚架，随时拍摄着一个人的旅行足迹。这积极又美好的生活态度，让我在她的朋友圈流连忘返。一个热爱生活的远方漂亮妹妹，除了欣赏和喜欢，唯有纯粹的祝福。

想起一个有工作来往的妹妹，只是因为我发的朋友圈而喜欢上我，偶尔会给我留言：女神姐姐，你最近要来我们这办事吗？我有一款自己喜欢的茶包想要和你分享……

感动地收下她特别为我买的奶茶和各色小礼物，我也会羞涩地想：是不是一不小心，我成了她朋友圈最喜欢的那个人了呢？

只是因为，我们不远不近地隔着一段现实生活的距离。

蜘蛛网

□ 尤　今

> 在经历了半世辛酸苦辣、人情冷暖之后，对于蜘蛛的心情，自然也就能够感同身受了。

一位睿智的朋友，从丝丝缕缕的蜘蛛网里，看到了自己变化多端的心路历程。

十余岁时，在路上一蹦一跳而"巧遇"纵横交错的蜘蛛网，会毫不犹豫地在地上捡起树枝，主动出击。一戳、一挑，看见偌大的一张蜘蛛网在电光石火间灰飞烟灭，变成缠在树枝上的一缕"幽魂"；再看到惊慌失措的蜘蛛方向不辨地狼狈逃窜，便会有一种痛快的刺激感传遍全身。在这个凡事好奇的年龄里，别人的伤痛，是掠过身畔一股无关痛痒的轻风。纵使他人的伤痛是因为自己主动挑衅而造成的，心湖也不会泛起任何涟漪。

到了廿余岁，在小径上无意间碰触到那牵牵绊绊的蜘蛛网，看到洁白的衣服上或洁净的裤子这里那里纠缠不清地沾着灰灰黑黑的蜘蛛网丝，只觉得邋遢，进而生气。这个年龄，心中只有远方那发光发亮的大目标——别人的不幸，他无暇顾及，他最大的期盼是一路顺风地向上攀爬，他最大的忌讳是被路上不明不白的石头绊住脚步。

年届三十，匆匆赶路而踏烂一张或多张蜘蛛网，他只云淡风轻地随手挥挥、弹弹、拍拍，蛛丝网迹便消失无踪了。衣裤不沾污痕，心湖也不留黑影。在凡事顺遂的旺盛中年，他天不怕、地不怕，反正条条大路通罗马；得罪了人嘛，心中也无须负疚，反正柳暗花明又一村；他一心只想把天空开拓得更辽阔，把生活弄得更缤纷。

到了四十岁，不小心撞坏了一张编织得好像八卦阵一样的蜘蛛网。看到蜘蛛跌跌撞撞地逃，不安的阴影会像鬼魅一样笼罩在心中。他心里会想：啊，这是不祥之兆吗？这个年龄，大局已定，人也开始相信命运和命理了。行事会尽量小心，避免误伤无辜；看到别人的歹运，又会患得患失地认为那是为自己而敲的警钟。

年过半百，心境却又豁然开朗了，那是完完全全不同的一个境界，在路上不疾不徐地走着。倘若大意地弄坏了一张蜘蛛网，会心怀歉意向蜘蛛虔诚地道歉。既然已知天命，当然也就知道了蜘蛛勤勤勉勉地编织一张大网，为的正是稻粱谋。在经历了半世辛酸苦辣、人情冷暖之后，对于蜘蛛的心情，自然也就能够感同身受了。这是一种美丽的觉悟，但是，为什么这种觉悟竟来得这么迟呢？

现在，年届耳顺的这位朋友，常常牵着他小孙子的手，到附近的公园去散步。

看到蜘蛛网，便和孙子一起蹲下来，细细地看。看蜘蛛如何利用肛门尖端的突起部分分泌黏液，再看黏液在空气中渐渐地凝成细丝。

当蜘蛛把网织好之后，他便会对他亲爱的孙子说："宝贝，记得，永远、永远不要把蜘蛛网捣坏，因为你摧毁的不是蜘蛛的一张网，而是蜘蛛的一个家。"

把一份温柔提早放进孩子心里面，当他走在人生的道路上时，便不会忘记时时停下脚步，关心别人的伤痛。

哈佛"反思课",最昂贵的能力往往"零学分"

□麦可思研究

> 几乎所有的学生都认可这门课的价值,认为这是把大学变成具有转折意义的人生体验的关键一步。

哈佛大学生物医学工程专业学生斯考特,在大学一年级的时候,参加了一门零学分课程。

刚报名时,和很多学生一样,斯考特疑虑重重,质疑这样的一堂课会有什么效果。毕竟在哈佛,所有人都很忙碌,几乎没有足够的睡眠时间,更不用说挤出时间去参加一个没有任何学术意义的课程。

但在第一堂课上,斯考特就找到了乐趣。

哈佛的"反思课"

斯考特参加的这门课,是哈佛大学主要面向新生开设的课程——"反思你的人生"。

哈佛之所以开设这样一门特别的课程,源于一次对哈佛即将毕业的学生一对一访谈的结果。一名学生表示,哈佛大学教会他很多知识和技能,但哈佛"忘记提供最重要的课程",即教会他如何思考自己的生活。

哈佛大学肯尼迪政府管理学院教授理查德·莱特大受触动,认为大学教育可能过于局限于对学生的学术训练,而忽视了一些对个人和现实问题的思考,比如说:"怎样过一种快乐的或实用的人生?什么才是富有成效的人生?这些概念本质上有不同吗?如果有,你会选择哪一个?"

霍华德·加德纳,哈佛鼎鼎大名的"多元智能理论"之父,对此更是非常赞同。在他看来,尽管世俗化的大学教育在很多方面都是积极的,但缺少一个契机让学生去深度思考，反思自己的生活。

学生们首先被要求列出一个清单，写出他们希望如何度过大学时光，然后再列出过去一周自己实际上是如何安排时间和度过的，两者对比，思考自己平时花费的时间和所作所为与目标是否吻合。

理查德教授在三年后对当初参加"反思你的人生"这门课的学生进行回访，几乎所有的学生都认可这门课的价值，认为这是把大学变成具有转折意义的人生体验的关键一步。

了解孩子内心的窗口

哈佛大学的这门课也给了斯坦福大学以启发。与哈佛大学"反思你的人生"课程类似，斯坦福大学"反思"课程是在冬季学期面向一年级新生的项目，包括三次到四次90分钟的讨论会，8名到12名学生为一组，由一名教员、一名工作人员和一名有经验的学生带领进行一系列的练习，核心内容是引导学生思考那些对他们来说很重要的价值观。

例如，在第一次讨论会上，学生们被告知："我们要进行一次长途飞行，你需要携带一件有特殊标记或反映你身份的物品。"然后飞机在遥远的岛屿上迫降，学生们被要求根据自己所带来的物品，提出关于如何相互支持和建立社区意识的想法。讨论中出现了很多丰富而深刻的思考。

不光是学生，斯坦福大学教授也参加了这个项目，尤其是斯坦福法学院院长托马斯·埃尔利希每年都参加。在他看来，虽然一些非正式的午餐和聚会可以帮助自己了解学生的生活和目标，但是作为一名老师，他很少有机会直接和学生讨论他们的价值观、希望、忧虑、梦想及关心之事。大一新生经常面临着众多挑战，但他们很少愿意向自己的新生导师或授课教师寻求帮助，托马斯希望通过这门课程，能够更好地了解一年级新生群体面临的问题，从而更有效地帮助新生成长。

与哈佛一样，斯坦福大学的这门"反思"课程也属于自愿性质，没有学分，但是参加该课程的学生大都给出了满意的评价，认为该课程有助于更好地认识自己，更好地认识自身与现实世界的关系。

太乖实在很危险

□吴淡如

太乖，抵挡不了坏。

人一过了青春期，就不希望被人家用"你好乖"作为赞美。

为什么？

几个高中生告诉我：那根本不是赞美，好像在骂他笨、平凡、呆板、没创意、人云亦云、土里土气似的。如果真要赞美他，他宁愿接受"你好酷！""你真可爱！""你好聪明！""你的情商很高哦！"这些比较时髦的用语。

青少年赶流行，忍肌肤之痛，穿鼻环、刺青等，在成人看来好像是一窝蜂盲目赶流行的庸俗行为。他们想证明自己不是那么乖，证明他们敢于耍酷，证明自己"与众不同"，反正又不犯法，只是痛了点儿。

背后的心理，是想让自己看来不一样，借流行的肯定得到一种自信。想得到自信，是因为心里并不真正自信。想得到肯定，是因自己没法肯定自己。

"乖"在一般人心里是怎么定义的呢？

有的"乖"是正面的，比如，在人际关系中游刃有余，乖巧懂事又可爱，是公关高手。该动时动、该静时静的乖，是自制力强。对情人专一的乖，是自愿臣服于爱，所以温柔。让父母感到受尊重，是孝顺。把自己分内的事都完善，是有责任感。脾气稳定，是情商高。这些比较有弹性的定义常被收网在"乖"里头，又远非"乖"字所能涵括。

然而，很多人口中的乖，是全无柔软度的，只是"不要有你自己的主见，乖乖听我的话就好，省得我麻烦"。这种乖就很危险了。

长期被压抑的人，表面上好像都很乖，积压的郁闷却常默默地寻找着一个惊世骇俗的出口。不习惯于表达自己理念的人，也被迫在自我密闭的回路里自言自语，所有的想法都在黑暗的下水道中累积。惯于听命令的人，会像一个背后用绳绑缚手臂的傀儡，有一天碰到一个更强势的总司令，他就会依令行事，一点判断能力也没有，只能当应声虫。

被保护在温室里的小乖乖，像没有免疫力的玫瑰花被移植到现实的森林中，完全失去招架的能力。许多在父母心中乖得不得了的女孩，在所遇非良人时，被暴风雨般的爱情刮得东倒西歪、枝折叶朽，还不明白"为什么他会那么对我"，头破血流还不肯逃开。

太乖，抵挡不了坏。

太乖和太坏都有危险。不同点在于，个性太坏的可能在很早的时候就会吃足苦头而学乖，太乖的一辈子常都"学不乖"。

有点叛逆并不是坏事，就让他自己逐渐学乖。人人都有一条自己的石子路要走，再爱他，也顶多只能给他一双好鞋，并不能替他走路。

什么都没做，却要承担后果

□乔凯凯

> 也就是说，在两百年前，钟螺消亡的那一刻，树蟹的命运也就已经注定了。

有一种叫作树蟹的寄居蟹遍布加勒比海，但在百慕大岛上，树蟹的数量却日渐减少，现存的树蟹生存环境十分令人担忧：几乎所有的树蟹都勉强挤在不合身的小壳里面。

显而易见，太小的壳不能有效保护自己的躯体，很多树蟹都因此而死亡。

这很令人奇怪，寄居蟹以会换房著称，不定期就会有一大批蟹聚集在一起，交换自己找到的壳，以找到适合自己的。但现在，整个百慕大岛上都找不到合适的螺壳吗？

有一天，人们终于看到了一幕正常的景象：一只树蟹背负着一个大小合适的螺壳。但仔细一看，这个螺壳并不是普通的壳，它是一块化石。

这种螺壳是加勒比钟螺。很久之前，钟螺遍布百慕大岛，树蟹与它共存共生，一直以来都相安无事。后来，人类殖民者到来后，对大而美味的钟螺"情有独钟"，到了1812年，钟螺从百慕大岛上消失了。

岛上虽然有其它螺类，但是个头很小，无法保护成年的树蟹。而螺壳虽然可以代代相传，但是再结实的壳也不可能永远使用下去。

直到偶然的机会，树蟹找到了唯一的"新"壳来源，就是从附近山丘上冲刷下来的钟螺化石。这些化石至少形成于十二万年前，也许有些还是当年被寄居蟹搬运到那里的。

照当年的形势发展下去，不用多久，树蟹整个种群的命运都将寄托在那些古老的化石身上。而化石的数量几乎不可能足够。也就是说，在两百年前，钟螺消亡的那一刻，树蟹的命运也就已经注定了。

因为身处在被大洋四面包围的孤岛上，面临人类的突然出现，百慕大的树蟹没有机会去寻找和适应新的环境，也没有时间等待偶然的新物种的到来。它和钟螺已经共享了太久的演化历史，全部生理都是为那样的一个壳而准备的。

而如今壳的主人已经不在了。很快，它也只能背负着十二万年的共同回忆，变成化石。

树蟹什么都没做，却要承担种族消亡的严重后果，这很不公平。

但是，有什么办法呢？也许只有真正的罪魁祸首认识到自己的错误，才能避免这样的悲剧再次发生。

好运气会被用完吗

□岑 嵘

> 事实上，好运气的连续出现不会提高坏运气的出现概率，反之亦然。

电影《西虹市首富》中，业余足球队的守门员王多鱼遇到了一连串的倒霉事，先是被认为踢假球遭球队开除，再接着开车遇到碰瓷的被勒索……然而他的霉运很快走到了头，因为他将继承一笔数百亿元的巨额遗产。

很多人都相信，霉运走多了下一次可能就会撞大运，同样，好运连连则更有可能变成坏运气，这就是我们生活的一部分。

假如你参加了一场关于消防安全的讲座，其间主讲人说："我知道你们中的一些人会说，你们在家里生活了25年，从未经历任何类型的火灾，对此，我想说的是，我们过去比较幸运。不过，这意味着你们和下一场火灾的距离不是越来越远，而是越来越近。"再假如你参加了很多次的工作面试，但是没有收到任何录用通知，你是不是认为自己被录用的可能性正随着被拒绝的次数在不断增加？这些观点有道理吗？

美国统计学家罗伯特·希勒认为，这种常见的推理过程基于错误的平均定律。比如我们扔硬币，理论上出现字和花的概率每次都是50%，然而当我们扔出多次字时，总会觉得下一次出现花的概率会更大。事实上，即便我们连续扔出100次字，下一次出现字和花的概率仍然是相同的。

最有戏剧性的一幕发生在1913年蒙特卡洛的赌场中，一张赌桌上连续出现了10次黑色，赌桌围满了押红色的赌徒，当连续出现15次黑色时，人们开始近乎疯狂地挤到赌桌前，以便将更多的钱押到红色上，结果黑色连续出现26次，赌场获利数百万法郎。

人们为何总是担心自己的好运会用完？心理学家理查德·尼斯比特和李·罗斯认为，这是人们对于一些简单的回归现象的错误理解。例如认为一件非常好或者非常差的事件之后，必然会跟随一些不那么好或者不那么差的事件，而不管其中是否存在随机因素，这在我们生活中是屡见不鲜的……仅仅在观察到一些简单的回归现象后，人们就产生一些迷信，比如说非要做点什么去结束一连串的"坏运气"，或者什么都不做以免失去好运气。

西弗吉尼亚州最高法院首席法官曾经开车前往南达科他州参加一次司法会议，他说："在我的一生中，我坐了许多次飞机，我已经用掉了我的安全统计英里数，只要还有其他可行的替代方案，我是不会坐飞机的。"

在体育界这种现象更为常见，乔治·迈尔奇曾经是一名职业棒球运动员，后来成了一名社会科学研究者，他在《棒球中的魔术》一文中列举了一些有趣的事件：纽约巨人队为了保持16场连胜的势头，不愿意洗他们的队服，生怕洗掉他们的好运气；1941年布鲁克林道奇队的队员狄罗谢为了保持连胜，在三周半的时间内一直穿着同一双鞋、同一双袜子和同一件外套……看来保持好运的成本可不小啊！

事实上，好运气的连续出现不会提高坏运气的出现概率，反之亦然。你找工作屡屡被拒很可能说明你根本就是能力不行，或者在面试中表现糟糕，你受挫的次数不会提高你下一次被录用的概率（除非你在不断学习和改进）；没发生过火灾说明房主比较谨慎，从不躺在床上抽烟，也不会把金属放进微波炉；连续16场连胜的纽约巨人队也只能说明这个队实力超强；每一次安全的旅程也不会提高下次飞机掉下来的概率。

不过人们总是愿意相信好运气会用完，坏运气也会很快到尽头，这其中的作用或许是在提醒自己，在身处顺境的时候不要大意，在逆境中也不必气馁。

别再问孩子"长大后想做什么"

□罗辑思维

> 大量证据表明，与其把一份工作想象得很美好，还不如在入职时切合实际地预想一下它真实的样子。

小时候我们常常被大人询问："长大以后你想做什么？"

成人之后，我们又开始问小孩子同样的问题。

沃顿商学院教授亚当·格兰特在《纽约时报》撰文提出，我们应该停止问孩子们"长大后想做什么"，并且给出了自己的理由。

首先，这个问题逼迫孩子们用一种工作来定义自己。格兰特说，当你被问到长大以后想做什么时，如果你回答说"一个父亲""一个母亲"，这在社交意义上是不被接受的，更不要说"一个正直的人"了。

这可能是为什么许多家长声称，他们自己觉得最重要的价值是关心他人，而孩子们认为最重要的事情是成功。

其次，这个问题有一种强烈的暗示，那就是人人都有属于自己的一份天职。格兰特表示，尽管拥有天职会让你感到快乐，但研究显示，寻找天职会让学生们感到迷茫和困惑。而且，即便你足够幸运碰上了一份天职，它也可能不是个可行的职业。格兰特说，他和同事已经发现，很多职业梦想并不能支撑你的生活，无法支付你的生活账单，更糟糕的是，我们中的很多人并不具备相应的天赋。

喜剧演员克里斯·洛克在听到一名管理人员告诉刚入校的高中生，他们可以成为任何他们想成为的人时，洛克问道："女士，你为什么要骗这些孩子？"也许他们中有四个人可能会成为他们想成为的人，但其他2000个孩子最好学会怎么焊接。他接着说："不如和孩子们说实话。你可以去做任何你擅长的事——前提是他们在招人。"

格兰特说，即使你能克服这些障碍，还有第三个问题，那就是你的职业生涯很少能达到你童年期望的高度。在一项研究中，寻找理想工作让高年级大学生在整个过程中感到更加焦虑、压抑、无力和沮丧，并对结果更加不满。

就像作家蒂姆·厄本写的那样，幸福等于现实状况减去期望值。

如果你寻找的是狂喜，那么你注定会失望。因此我们可以理解这样的研究结果：在经济萧条期毕业的大学生 30 年后的工作满足感会更强，因为他们不觉得有份工作是理所当然的事情。

格兰特认为，低期望值的一个好处是能消除我们所想与所得之间的差距。大量证据表明，与其把一份工作想象得很美好，还不如在入职时切合实际地预想一下它真实的样子。当然，你在接手时可能会少些激动和憧憬，但总的来说，你最后的收获会更大。

最后，格兰特强调，他完全支持年轻人力争上游、志存高远，但这些志向应当不局限于工作。

比起问孩子们以后想从事什么职业，不如请他们思考一下他们想成为什么样的人，并想想他们可能想尝试的各种不同的事情。

没有朋友的女孩

□巫小诗

> 她是一个失败的演员,把自己精心准备的催泪悲剧演成了啼笑皆非的荒诞喜剧。

没有人喜欢跟她做朋友。

只要她一开口,就像坏掉的水龙头般喋喋不休,她向周围人讲述着自己的苦难,一遍又一遍,她何止是喜欢诉苦,简直是诉苦着魔。

她告诉所有人,她最好的朋友是我,这让我有些难堪,因为我并不这么认为。

她是我的初中同学,初中时,交流并不多,只记得有人在班级上为她筹过一次款,为此,她的母亲怒气冲冲地跑来学校里闹。脑海里还依稀存着当时的画面,她市井气息的母亲扯着大嗓门在教室外面跟老师理论:"我们家是乞丐吗?不需要这样可怜我们……"

事情大约是这样的,她向周围同学讲述自己家的困境:家境贫穷,父母工作卑贱,家里人并不爱她,不仅因为她是女生,还因为她的出生仅仅作为一个替补,替补那个在十几岁时溺水死亡的哥哥,出生得晚,十几岁的她有着五十多岁的父母,看起来,简直像是爷爷奶奶,贫穷并且无爱,她的家庭是一潭死水。

那时,大家都跟她还不熟,初次听她的凄惨故事,无不心生悲悯。新官上任的班长,觉得自己要为班上同学做一些实事,他抱着事情没做成就先不告诉老师的原则,擅自在同学之间成立了捐助组织,将捐款任务分布到各个小组长,小组长们找组员开会讨论,悲惨的故事经过几次转述,变得更加悲惨,甚至出现屡遭家暴的版本。

没有多久的工夫,班长把一沓零碎的共三百多块(当时看来是巨款)钱交到她的手中,她接受了这一笔钱,当时我不在场,只是听说她表现得心安理得。

大约是回家后母亲发现了她身上的钱，问怎么来的，她支支吾吾地说是同学给她捐的，母亲自恃家里没有穷到要被救济的程度，觉得受到了侮辱，这才跑来学校理论。

直到母亲来学校里闹，老师才知道了这场全班参与的爱心行动，几方了解后，才明白，所谓的悲惨命运，或多或少有自我夸张成分，她家境虽不富裕，但也算不愁吃穿，丧子之痛后的唯一女儿，父母又怎会不爱，只是不挂在嘴边罢了……她诉苦的目的，也许仅仅是为了给各方面都平凡的自己争取多一点的关注和关怀，并没想到事情会变成这样。

最后的结果，必然是，归还捐款，被父母责骂，被同学嫌弃。

老师在课堂上说，这件事就这么过去了，谁都不许再提。可是，叽叽喳喳的几十张小嘴，怎能放过这么有吸引力的话题？没多久，外班的同学也知道了她撒谎骗得捐款的事，她像放羊的小孩一样，被舆论的狼吃掉了。

几乎没人跟她讲话，准确地说，是没人会再相信她的话。当时的我，虽然认为她多少有些活该，还是觉得她挺可怜的，被孤立的滋味，我也体会过，并不好受。心存悲悯，却胆小如鼠的我，最终迫于舆论的压力，选择做那沉默的大多数，跟她保持着距离。

有一天，她突然找到我，说想让我帮一个忙，帮忙寄一封信。我的初中是一所管理严格的寄宿制中学，大多数学生一个礼拜才能回一次家，我是少数的走读生之一，家离得近，常担负一些"走私"任务，买杂志和娱乐报纸什么的，我是个有原则的人，烟酒从来不带，信件的话，倒是头一次。

她说，寄到学校怕丢，寄到家里怕父母偷看，能不能写我家的地址，再顺便让我帮她寄一下。我同意了，因为这不是什么复杂的事情，而且，她当时的处境有些可怜，让我不忍心拒绝她。

我帮她寄出了这封信，一段时间后，她来问我，有没有收到回信，我说没有。后续的日子，她又问了我几次，依然没有。我问是很重要的人吗？她说不是，是在杂志交友栏目看到的一个地址，想交个笔友，可以聊聊天。她喋喋不休地问我，是不是对方不喜欢她写的信，不想跟她做朋友，或者是嫌弃她名字不好听。我只能安慰她可能是信寄丢了。

我越发觉得她很可怜，班上几十名同学，没有一个人可以做朋友，只能把希望寄托于远方，无奈远方并没有传来回音。也许在这个时候，我应该站出来温暖地说上一句"我可以做你的朋友啊，有话可以找我聊啊"。可我太怯弱，我没有这种当英雄的勇气，我怕成为群体孤立的对象，我必须站在大多数人的立场。那时，我的内心并不讨厌她，我真挚地认为，不能因为对方撒了一个谎而将其全盘否定。

日子就这么平平淡淡地过着，直到中考，直到上高中。

机缘巧合，我跟她上了同一所高中，分在了同一个班级，她是班上我唯一认识的女同学。

没有了舆论的束缚，我跟她合情合理地成了朋友。高中的她，走出了捐款事件的阴影，也算开朗。

我家依然离学校近，偶尔带她回家吃饭。吃完饭在我卧室里聊聊闲天，她喜欢翻翻看看，打开我的衣柜，"哇，你好多衣服啊！"

"还好啦，我长个子快，衣柜里有一些已经穿不下了，你看看有喜欢的没，穿得下可以拿一些去。"

"好啊，你的衣服都挺好看的。"

她个头比我小，许多衣服都能穿得下。我一件件地把用不上的衣服挑了出来，她拿了其中一部分，走的时候，拎了满满一袋子。

之后的假期，她也来过我家几次，走的时候，几乎都带走了些什么，我不再穿的衣服、鞋子，甚至一台有了数码相机后被淘汰下来的傻瓜相机，她拿走的东西越来越多，从我问她需不需要，到她拿着她感兴趣的东西问我这个还有没有用。妈妈说，你这位同学，有点贪小便宜哦。我说，还好吧，反正用不上，拿去也无妨，物尽其用嘛！

人的性格，终究是很难彻底改变的，走出初中捐款事件的她，依然那么喜欢倾诉，只是现在，除了倾诉悲惨的家庭外，她还有另外一个倾诉话题，那就是我。她常常问别人，我把不再用的东西给她，是否是施舍，是否在可怜她。她绘声绘色地讲着我的妈妈如何不喜欢她，她在我家的时候如何小心翼翼。以至于，跟我不熟的人都觉得，她在卑躬屈膝地跟我做朋友，劝她离开我，她则表现出一副好朋友不离不弃的姿态，继续若无其事地跟我做着朋友，并继续接受或索取着我的物品。

当我知道这一切的时候，我感觉历史总是这么惊人的相似，我简直能想象到当年的初中班长含着泪把一沓钱塞到她手中，后来得知她撒了谎的那种感觉。

想到她初中时众叛亲离的遭遇，我还是决定不让她难堪。只是渐渐地跟她疏远，不再邀请她去我家，下课后找别人说话，我以为这样，可以让两个人不伤和气地疏远，没有想到，她新一轮的倾诉又开始了。

她向周围的人倾诉，她最好的朋友，也就是我，因为她家境贫寒，而嫌弃她，而疏远她，为什么交朋友要这么现实……

我的忍耐已经到了极限，我找她单独聊了聊，把我知道的都说了出来，问她为什么非要把自己讲得这么可怜。她突然手足无措地哭了起来，大概自恃理亏，她一句话也没说。

"你是不是我最好的朋友？"在我转身离开的时候，她突然哭着问我。

"曾经是。"我头也没有回，径直走了，尽管她哭得更大声。

这次之后，我们彻底决裂。

高考是个太强大的存在，它的临近，足够赶走所有琐碎。她说什么都不再重要了，因为大家都在忙着备考，没人有闲工夫来听她倾诉了。

她开始找老师谈心，经常晚自习的时候，抱着书本上去问问题，问着问着就把老师请到教室外头借一步说话，我也不清楚她具体聊了什么，但猜也大致能猜到，无非是学习压力和家庭困境。后来，她申请了贫困生助学金，每个班只有很少的名额，她毫无疑问地通过了班主任这一关，但最后并未获得上级审批，因为她的实际家庭条件并不属于被救济家庭。

响铃，交卷，各奔东西。

上大学以后，我再没有见过她，只是偶尔听老同学说起她，她学校和专业都不太好，经常在网络上找老同学聊天，问三流学校冷门专业没背景没外形的自己，应该怎么办？老同学们跟我讲这些时的语气，就像是在讲笑话，她口中自己的悲惨世界，已经没有人相信，更没有人同情了。

她是一个失败的演员，把自己精心准备的催泪悲剧演成了啼笑皆非的荒诞喜剧。她讲过那么多自己身上的悲惨事件，真真假假，日复一日，最悲惨、最真实的一件，也许她忘了讲，那就是，她没有朋友。

如果你想在朋友圈拉黑你爸妈

□唐辛子

你可能通过微信获得了超越物理距离的关注,但却也为此失去了精神上的自由。

如果你也每天使用微信,是不是也遇到过这种情况:一个平时联系很少甚至根本不联系的人,突然从朋友圈跳出来发私信给你,要你给他帮个忙。

我不久前就遇到过一次,有人私信发来一段中文,对我说:"能帮忙翻译一下吗?"大意是要我帮忙将那段中文翻译成日文。我看了看对方的名字,非常陌生,又查了查微信记录,记录显示一年半之前我和这个人互加了微信,然后……就没有然后了。虽然加了微信,但彼此从未说过话,尽管我努力回忆了半天,也还是记不起我是在什么场合、在什么情况下跟对方互加了微信的,除了对方在朋友圈里显示的一个用户名昵称,我对这个人一无所知……但这个人待在我的朋友圈里,还以朋友的口吻要求我帮他做翻译。估计对方认为:不过就是一段话的翻译,举手之劳而已。

可是,我跟这个人并不熟。何止不熟,完全就是陌生,因为我连对方的真名实姓都不知道。再说,就算是熟人,除非紧急情况,我也并没有必须提供"举手之劳"的义务啊!

还有一次,我微信里的×××,也没有事先跟我打招呼,就擅自将我的微信告诉了另外一个人。原则上,我是不加陌生人微信的,但看到对方在申请加好友的自我介绍里写"我是×××介绍的"时,我犹豫了一下,还是加了对方,因为×××是我的长辈。

结果对方连个自我介绍也没有,一上来就问:"你在日本?"
我老老实实地回复:"是的。"

对方再问："在日本哪里？"

我再老老实实地回复："大阪。"

于是对方飞快地打出一行字："我下月要去日本，想去京都奈良，听×××说你长住日本，对京都奈良非常熟悉，到时候就麻烦你做导游了。"

这次我无法再回复对方了，因为我都不知道对方是谁，而且我还有工作，家里有读书的孩子要照顾，再说我也没有导游证，怎么能你想来玩我就应该给你做导游呢？就因为我住在日本，对日本很熟悉？即使我对日本很熟，但是，我跟你并不熟啊！即使你跟我认识的×××长辈关系不错，但你对我而言，依旧只是个陌生人。

当然，以上只是我的个人经历，但我相信只要你使用微信，在朋友圈里一定会遇到和我不同却相近的困惑。除此之外，令人心烦的，还有朋友圈里没有道理的代购、毫无意义的刷屏、无缘无故的广告推送，以及莫名其妙的群发……丝毫不顾及别人的感受，没有想到过虽然被称为"朋友圈"，但实际上它并不是个人的私有领域，而是一个与他人共享的网络公共空间。每个人都在这个网络公共空间里扮演属于自己的角色，但却不可以任性甚至影响他人。

当然，现在的朋友圈里，也有在现实生活中非常熟的，例如你爸你妈。

对于朋友圈里的陌生人，要做到"断舍离"是很容易的。毕竟对方跟你在日常生活中没有利害关系，若感觉对方待在自己的朋友圈碍眼，简单粗鲁地拉黑对方就可以了。

可对于朋友圈里的亲友群，估计很多人就无法做到这一点。不信你现在拉黑你媳妇试试，看你明天还能不能活着出门！当然，你媳妇拉黑你大概是可以的……

我一直同时使用好几款社交工具：微信、脸谱、微博、推特，还有连我。几种社交工具同时使用之后，我开始发现它们的使用感觉很不一样：脸谱、推特和连我都令我感觉很轻松。就连微博，使用感觉也比微信好——因为微博上基本都是陌生网友，没有微信这样的朋友圈。

我最开始认为是微信这款产品有问题，但后来发现：是微信的朋友圈构成出了问题。因为我的一些精通汉语的"中国通"日本友人，都觉得微信很轻松，没有日本的连我那么麻烦累人。这样一比较，我想大家应该明白是怎么回事了：我的亲友群都在我的微信朋友圈，日本友人的亲友群都在他们的连我朋友圈——亲友群令我们变得小心翼翼，有所顾忌。

现在回想起来，大概是六年前或更早一点，我刚刚开始使用微信的时候，朋友圈里还只有一些零星的网友。那个时候觉得"微信真好啊"，与当时鱼目混珠、乌烟瘴气的微博相比，觉得微信就是网络雾霾中一枝未经污染的百合。我现在还记得我第一天登录微信的时候，一位在日华人前辈快活地招呼我，说：

"你看，这儿比微博好多了吧？这儿多清净啊！"

清净的微信像一段美好的芳华岁月。与当时各种言行都裸露于大庭广众的微博相比，微信犹抱琵琶半遮面的封闭型朋友圈空间，简直是含羞有若处子，岁月静好得令人着迷。完全不像现在，有这么多不得不令人夹紧尾巴的各种"家长群""同学群""亲友群""家人群"……

当你的家人、旧友、老同学、上司甚至你孩子的老师，全都通过微信找到网络中的你，并挤在你的朋友圈子里时，微信短暂的芳华岁月便一去不复返了。即使你精力旺盛过人，恐怕也会有疲于应付的时候。

微信亲友群的出现，令网络交友与现实亲情失去了应有的边界，你的一举一动都暴露于亲情与友爱的关注之中。你可能通过微信获得了超越物理距离的关注，却也为此失去了精神上的自由。

举一个真实的例子吧：我有一位朋友，大学时留了个光头，被同学取了个外号叫"秃驴"，这位朋友后来到海外留学，又进入一家五百强企业成为公司里的中坚干部。娶妻生女，有车有房，按国内的衡量标准，也算是个成功人士了吧。有一次，这位朋友在朋友圈发了一张自己意气风发正在打高尔夫的照片，在朋友圈一片点赞中，突然冒出一个大学同学来，留言道："哟！这不是秃驴吗？"

所以，你看，虽然上传一张打高尔夫的照片，想证明自己是成功人士，但在同学心目中，你依旧是那个"秃驴"。

当然，这只是个很温和的例子，何况微信朋友圈还有个分类功能可用。但即便如此，也难免有疏忽的时候。例如有一次我凌晨三点还没睡着，不小心发了个朋友圈，结果第二天被我妈看到了，马上就受到了责问："怎么那么晚还不睡？"——我当然感觉到了母亲的关爱，但也同时感觉到了母亲的监控。

记得曾读过日媒写的一份调查报告，指出说应该给自己的网络朋友圈也进行"断舍离"：对于那些总想支配你的人，那些过于依赖你的人，那些总是对你出言不逊、不照顾你自尊心的人，不管是上司还是旧友甚至家人，都应该在网络上与其慢慢拉开距离，并最终实现朋友圈的"断舍离"。

还有一位生活在新西兰的日本冒险家四角大辅，也写过一本畅销书叫《为了自由，20岁必须抛弃的50件事》，书中谈及50件需要抛弃的事情中，甚至包括"抛弃人脉、抛弃熟悉、抛弃习惯、抛弃他人的视线"。因为"在超越人类界限的超信息化社会和超大量生产经济到来的时候，这个世界上堆满了我们根本不需要的东西。你想要获得真正的自由，一定要懂得判断哪些是不需要的，并能果断抛弃"。

不久前，我的脸谱朋友圈里的一位日本妈妈，就被她的孩子"抛弃"了：她上高中的儿子，在脸谱和连我上都将她拉黑了。看到这位日本妈妈在脸谱诉说此事，我默默地在留言栏点了个赞——当然，在我心里，这个点赞，并不是给这位日本妈妈的，而是给拉黑她的那个儿子的。

我想我能理解那位将母亲拉黑的高中生的心情。对于现代伴随着网络社区一起成长的年轻人而言，他们不再是单纯的"现实社会人类"，而是游走于"现实社会"与"虚拟社会"的"双栖"人类。而"现实"又与"虚拟"有别，因此儿子会拉黑母亲。如果你觉得我这种说法难懂，那么想想古人所说的"内外有别"，也许就容易理解了。现实与虚拟有别，就是"内外有别"的升华版。

对于现代社会的"双栖"人类而言，与现实社会相比，虚拟空间或许才是获得精神自由、心灵慰藉的所在。这也是人们越来越离不开网络、喜爱动漫并且加入角色扮演的年轻人越来越多的原因。这其实没有任何不好。只要想一想，古人在没有网络的时代，都可以创造出虚拟世界里的神佛与上帝，就会明白这是一种无可非议的人性需求。每个人都需要一个不被干涉的精神空间，去实现一个想要成为的自己，而虚拟世界正好提供了这种实现的可能与自由。

所以，如果你也想在朋友圈拉黑你爸妈，那么不要怕，果断拉黑他们吧。

长跑与情商

□袁 越

> 决定长跑比赛成绩的最关键因素并不是冲刺阶段的咬牙坚持,而是漫长的途中跑。

很多业余跑者都有这样的经历,那就是每次自己一个人跑的时候都累得不行,但如果有人陪跑,尤其是当对方还是个好看的异性的时候,往往就能超水平发挥,甚至可以比平时多跑一倍的距离。

这种经历是长跑的专利,换成短跑就不成立了,因为短跑成绩几乎只和个人能力有关,再怎么打鸡血都不管用。

当然了,精神的力量肯定是有限的,一个人的生理指标,比如最大心率、乳酸代谢率、肺活量和肌肉类型等硬指标才是决定长跑成绩的主要因素。但是,当这些指标达到一定水平之后,精神力量的重要性就显现出来了。因为面对同样的生理指标,不同的神经系统会做出不同的反应,到底是继续还是放弃,往往就是一转念的事情。

意大利帕多瓦大学的心理学家恩里克·鲁巴特利博士决定研究一下精神的力量到底有多强大,他设计了一个调查问卷,让237名第二天就要参加半程马拉松比赛的运动员认真填写,由他来打分,以此来判断这些人"特质情商"(Trait Emotional Intelligence)的高低。第二天拿到运动员比赛成绩后,他发现"特质情商"的分数和比赛成绩之间的关系极为密切,甚至比运动员的训练状态和以往比赛成绩更重要。

鲁巴特利将研究结果写成论文,发表在2018年7月1日出版的《个性与个体差异》杂志上。文章认为,决定长跑比赛成绩的最关键因素并不是冲刺阶段的咬牙坚持,而是漫长的途中跑。任何人在这一阶段都要面对持续的不适甚至痛苦,只有那些毅力坚强的人才能坚持下来。"特质情商"衡量的正是一个人处理自身负面情绪的能力,"特质情商"高的人往往比较乐观和自信,只有这样才能更好地克服生理上的不适感,坚持跑下去。

这套理论有一个著名的案例,那就是著名的意大利登山家莱茵霍德·梅斯纳尔在1978年完成的壮举。他不靠氧气瓶的帮助登上了珠峰,是第一个做到这一点的人。事后大家都认为梅斯纳尔的身体结构肯定和别人不一样,于是有科学家专门去研究了一下,发现他的生理指标和普通人差不多。比如,他的最大耗氧量仅为49毫升/千克/分钟,和一个健康的普通人差不多。要知道,顶尖耐力运动员的这个数值甚至可以达到80毫升/千克/分钟以上。

但是,熟悉梅斯纳尔的人都知道,这人最大的特点就是不服输,他似乎永远在争第一,而且有股子不达目的誓不罢休的劲头儿。也许正是这种特殊的心理素质帮助梅斯纳尔完成了这一壮举,精神力量很可能起到了关键作用。

不过,情商和智商一样,都需要消耗脑力,脑力耗光之后,毅力再坚强的人也会崩溃。事实上,即使是简单的跑步动作也需要大量神经细胞的支持,因为这个动作对身体协调性的要求非常高,运动神经元的计算量相当大。机器人技术发展到现在,人类工程师仍然无法制造出能和人一样跑步的机器人,仅此一点便足以证明跑步这个看似简单的动作本质上有多么复杂。

为了节省能量,长跑者往往会把负责抽象思维的前额叶皮质关闭,这在医学上被称为"暂时性前额叶功能低下"。前额叶皮质是"理性思维"的所在地,这部分脑组织会对所有的输入信息进行细致的分析,试图从中寻找规律。人类当然离不开理性思维,但如果这部分脑组织太过发达,对任何细微的小事都要分析半天,人就会陷入一种死循环,能量都耗在这上面了。

事实上,抑郁症和强迫症这两种常见的精神性疾病都和前额叶皮质的过度兴奋有关。也就是说,如果将前额叶皮质的功能抑制住,人就会放松并高兴起来,这就是"跑者愉悦"(Runner's High)产生的原因之一。

会跑步的人往往很擅长让自己进入这种状态,这也是情商高的表现。

怀念吃盒饭的日子

□ 蔡 澜

> 有盒饭吃等于有工开,不失业,是一件幸福的事。

电影工作,一干四十多年,我们这一行总是赶时间,工作不分昼夜,吃饭时间一到,三两口扒完一个盒饭,但有盒饭吃等于有工开,不失业,是一件幸福的事,吃起盒饭,一点也不觉得辛苦。

不怕吃冷的吗?有人问,我的岗位是监制,有热的先分给其他工作人员吃,剩下来的当然是冷的,习惯了,不当是怎么一回事,当今遇到太热的食物,还要放凉了才送进口呢。

多年来南征北战,嚼遍各国盒饭,印象最深的是台湾盒饭,送来的人用一个巨大的布袋装着,里面几十个圆形铁盒子,一打开,上面铺着一块炸猪扒,下面盛着池上米饭。最美味的不是肉,而是附送的小鲲鱼,炒辣椒豆豉,还有腌萝卜炒辣椒的,简直是食物中的鸦片,当年年轻,吃上三个圆形铁盒饭面不改色。

在日本拍外景时的便当,也都是冷的。没有预算时除了白饭,只有两三片黄色的酱萝卜,有时连萝卜也没有,只是两粒腌酸梅,很硬很脆的那种,像两颗红眼猛瞪着你。条件好时,便吃"幕之内便当",这是看歌舞剧时才享受得到的,里面有一块腌三文鱼、蛋卷、鱼饼和甜豆子,也是相当贫乏。不过早期的便当,会配送一个陶制的小茶壶,异常精美,盖子可以当杯,那年代不算是什么,喝完扔掉,现在可以当成古董来收藏了。并非每一顿都那么寒酸,到了新年也开工的话,就吃豪华便当来犒赏工作人员,里面的菜有小龙虾、三田牛肉,其他配菜应有尽有。记得送饭的人一定带一个铁桶,到了外景地点生火,把那锅味噌面酱汤烧热,在寒冷的冬天喝起来,眼泪都流下,感恩、感恩。

在印度拍戏的一年,天天吃他们的铁盒饭,有专人送来,这家公司一做成千上万,蔚为大观,分派到公司和学校。送饭的年轻小伙子骑着单车,后面放了两三百个盒饭,从来没有掉过一个下来。里面有什么?咖喱为主。什么菜都有,就是没有肉,印度人多数吃不起肉,工作人员中的驯兽师,一直向我炫耀:"蔡先生,我不是素食者!"

韩国人也吃盒饭,基本上与日本的相似,都是用紫菜把饭包成长条,再切成一圈圈,称为Kwakpap,里面包的也多数是蔬菜而已。豪华一点,早年吃的盒饭有古老的做法,叫作Yannal-Dosirak,盒饭之中有煎香肠、炒蛋、紫菜卷和一大堆Kimchi,加一大匙辣椒酱。上盖,大力把盒饭摇晃,将菜和饭混在一起,是杂菜饭Bibimbap原型。

到了泰国就幸福得多,永不吃盒饭。到了外景地,有一队送餐的就席地煮起来,各种饭菜齐全,大家拿了一个大碟,把食物装在里面,就分头蹲在草地上进食。我吃了一年,戏拍完回到家里,也依样画葫芦,拿了碟子装了饭躲到角落里吃,令家人感到心酸,自己倒没觉得有何不妥。

在澳洲拍戏时,当地工作人员相当能挨苦,吃个三明治算了,但当地工会规定吃饭时间很长,我们就请中国餐馆送来一些盒饭,吃的和香港的差不多。

还是在香港开工幸福,到了外景地或厂棚里也能吃到美味的盒饭,有烧鹅油鸡饭、干炒牛河、星洲炒米等。早年的叉烧饭还讲究,两款叉烧,一边是切片的,一边是整块上,让人慢慢嚼着欣赏。叉烧一定是半肥瘦。怎么看出是半肥瘦?容易,夹肥的烧出来才会发焦,有红有黑的就是半肥瘦。

数十年的电影工作,让我尝尽各种盒饭,电影的黄金时代只要卖埠(卖版权的意思),就有足够的制作费加上利润,后来盗版猖狂,越南、柬埔寨、非洲各国的市场消失,香港电影只能靠内地市场时,我就不干了。

人,要学会一鞠躬,走下舞台。可以去发展自己培养出的兴趣,世界很大,还有各类表演的地方。但我还是怀念吃盒饭的日子。

家里的菜很不错,有时还会到九龙城的烧腊铺,斩几片乳猪和肥叉烧,淋上卤汁,加大量的白切鸡配的葱蓉,再来一个咸蛋!这一餐,又感动,又好吃,盒饭万岁!

迟到行为学

□二公子

> 不过人非圣贤,谁能不迟到?茫茫宇宙,迟到行为也不止于人类。

跟一个法国人约了个会,被通知已经预订了久负盛名的传统法式大餐,而且就在当地最著名的大教堂旁边的老餐馆。在网上瞥了餐馆菜单的天价后,不由得打了个激灵,可不敢有半点怠慢。于是仔细研究了每道菜的来历,餐具的使用顺序,以及正确的切法、吃法。当日穿戴整齐,提前一个钟头赴约。

谁知到了吃饭的点儿,左等人不来,右等人也不来。几次进了餐馆试图询问订位情况,都因为语言不通,鸡同鸭讲没个头绪。又过了半个小时,教堂旁卖烟的、卖纪念品的店都关门了,还不见半个人影。乍暖还寒的季节,站在法兰西的冷风中,内心最难平息。打了两通电话,法国人也没接。这是什么情况?

差不多过了约定时间一个小时,法国人终于出现了!他熟练地跟侍者打招呼,带我找好位置坐下来。还没点菜,我就提出,要是今晚家里有什么重要的事情,不吃饭也行。他说没事啊,都好。我又关切地问,那路上你没碰到什么事吧?没事啊!开车过来挺顺的。这下我可有点郁闷了,什么事都没有,迟到这么久也不解释一下?算了,肚子饿,先吃饭!

等菜过五味,酒精从胃部挥发到了耳根,我终于忍不住问了一下,你怎么到得这么晚?法国人愣了愣,随即说了一句让我思量半响的话:"我没晚啊,在这里,我们至少会礼貌性地迟到半个小时!"这是礼貌?"对啊!约了吃饭或者聚会,本来就是一件放松身心的事,说好了几点钟到,都是在这个基础上晚半个小时再出门,按时到意味着你提早了,让人感觉有压迫感,太没礼貌。"

把迟到当礼貌,咱从小没接受过这种教育。《唐律疏议》还说迟到缺勤要处答坐牢呢。

不过在欧洲，不管大事小事，貌似只要有充足的理由就可以迟到，而且没人大惊小怪。办公室到点不开门比比皆是，连总统和政要活动也可以因为各种令人诧异的原因推迟，比如为了看场球赛啥的。在组织行为学里，这可以总结为在相似的环境中，有共性的群体有相似的行为表现。

在文学世界里，最著名的迟到可以说是莎翁笔下给罗密欧送信的那个信使了，他振振有词地解释他为什么没有送信："我临走的时候，要找一个师弟作为同伴。他在城里访问病人，不料被巡逻的人看到了，疑心我们走进了感染瘟疫的人家，就把门锁住了，不让我们出来，所以耽误了行程。我没有把信送出去，又带回来了。"似乎没有道歉的意思。于是罗密欧不知道朱丽叶是假死，跑到朱丽叶墓地前自尽了。

不过人非圣贤，谁能不迟到？茫茫宇宙，迟到行为也不止于人类。哈雷彗星绕太阳一周在76年到79年之间，科学家估算下次彗星过近日点的时间是在2061年7月下旬。但哈雷轨道长，体重小，路途远，保不齐路上受到其他天体的影响，所以回归就存在些不确定性。据推测，哈雷彗星还是会回来的，可能按时，也可能晚十天半个月的。

生而为人，我很抱歉

□唐辛子

> 这句诗被大作家太宰治"顺手拿来"，从此变成了太宰治的名言。

"某天，突然意识到自己的脸和丈夫的脸变得一模一样。"本谷有希子在第154届芥川奖获奖小说《异类婚姻谭》开头的第一行这么写到。生于1979年的本谷有希子，是极受日本年轻读者喜爱的新锐作家。

婚后成为专业主妇的三三，整理积压在电脑里的照片时，突然发现自己的脸和丈夫的脸变得越来越像：自己五官的位置在变，变得越来越向丈夫靠拢；而丈夫眼鼻的间距，也在模仿着她。

三三的丈夫是位成功人士：收入比普通人高，年纪虽轻却有车有房，丝毫不为经济发愁。这样的丈夫有过一次失败的婚姻。前妻是位美人，丈夫每天要在美人妻子面前保持形象，不得不强打精神，疲惫不堪，才两年便离了婚。

因此，当相貌平平的三三嫁给丈夫，听到他说"要让妻子看到真正的自己"时，三三满心欢喜。还有什么比"真正的自己"更能表达亲密的方式呢？

于是，三三看到了不加修饰的丈夫：那是一具彻底放松的躯体，不再思考，不愿意动脑筋，就连记住生日这类事都觉得麻烦。丈夫终日闭门不出，窝在家里玩游戏。

终于，有一天，埋头于游戏的丈夫抬起了头，三三惊恐地发现，丈夫眼鼻的位置大面积崩塌，不再保持作为人脸的正常形状。丈夫已经不愿意再维持着像人一样的生活了，他已经彻底放弃了。做人太累，做人太麻烦。

"生而为人，我很抱歉。"百年前，昭和初期的无名诗人寺内寿太郎也觉得做人太麻烦，所以写下这句诗。这句诗被大作家太宰治"顺手拿来"，从此变成了太宰治的名言。近年来，这句诗被日本人屡屡提及，成为畅销书的书名、人气日剧里的台词。

二十世纪五六十年代，日本社会并不太在意这句话。那时候的日本人虽然也活得辛苦，但在经济高速成长的过程中，仍然坚信人活着就需要一点儿精神。

当年的流行日剧《排球女将》中有句台词："自暴自弃就是最大的失败。"这是告诫人们，即使低落到生活的边缘，也绝不能放弃自己。

那时的日本人是"肉食系"，拥有强悍的精神和野蛮的肉体，信奉"绝不放弃"。当下的日本年轻人则变成"草食系"，甚至进化成"佛系"。

"佛系"的说法源自日本。中文网络将这个词解释为"有目的地放下生活的一种态度"，但实际上"佛系青年"出现的根本原因就是"怕麻烦"，所以力求一切去繁就简，最好连"简"也不要，彻彻底底地不再做人，与人类从此"断舍离"。

就像疲软的日本经济一样，年青一代日本人的精神也是疲软的，他们的前辈是"绝不放弃"的一代，他们则成了"彻底放弃"的一代。

这大概是本谷有希子的《异类婚姻谭》能够获奖的原因吧。虽然作者或许并没有刻意挖掘当下日本社会意象的深层，却点破了年青一代的精神困境：因为不想为人，所以放弃自己。

生而为人，我很抱歉。活着太累，活着就是一种麻烦。小说中，最后无法忍耐的三三朝丈夫怒吼："你不必再是丈夫的样子，你尽管变成你喜欢的样子好了！"丈夫于是变成了一株宛若透明的山芍药，开满楚楚动人的白色花朵。

"夫妇真是不可思议的生物啊！如此接近，每天同居共寝，却一点不知道，丈夫居然想变成一株山芍药。"

敬畏规则

□乔凯凯

"如此敬畏规则的人一定是一个靠谱的合作对象。"

在网上看到这样一则视频。一辆电动车闯红灯被直行的汽车撞到，交警判了电动车全责。然后，电动车司机问交警，汽车一点责任都没有吗？交警回答："正常直行通过路口的车子，你为什么一定要给它定个责任呢？因为它是机动车？""我是说他（汽车司机）起到了紧急刹车的作用了吗？"电动车司机追问。交警反问道："你为什么要把自己的安全掌握在别人手里呢？你为什么不等绿灯了再过呢？"

电动车司机不甘心地继续说："咱们从受伤的角度……""不从这个角度讨论。不是说你受伤了你的责任就轻，我们只针对事实来说话。"交警最后说。

这段视频得到了很多网友的点赞和转发，大家都称赞交警的做法正直、公平。

为什么网友们的反应如此热烈？我想可能是因为交警的话代表了很多人的心声。确实，在我们身边有很多类似电动车司机的行为——明明自己违背了规则，却总想着逃避责任，甚至寄希望他人来为自己的不遵守规则让位。这对遵守规则的人来说是一种极大的不公平，对规则本身来说更是一种蔑视和破坏。

我有一个朋友，是在一次工作上的合作中认识的。那时候，他的公司想要与我们公司合作，因为合作有一定的风险性，我们老板考虑再三后还是没有拍板。一次宴请结束后，我乘他的顺风车回家，当时已经很晚了，路上车也不多，他不紧不慢地开着车，感觉很稳。开到一个路口时，绿灯刚好变成了黄灯，已经开过停车线的他却停了下来。

"怎么不走了？我们刚好可以过去的。"我疑惑地问。

他开玩笑似的说:"红灯停,绿灯行,黄灯亮时等一等嘛。"

我跟着笑了笑,又说:"现在车少,而且是黄灯,即使有车过来说不定也会停下。我们完全可以过去的。"

他却突然认真起来,看着我说:"当然,我们很可能顺利过去,但前提是其他车遵守规则。那样,我们的安全就由别人决定了。如果我们像现在这样遵守规则,停下来等,那我们就是绝对安全的。所以我觉得,把安全掌控在自己手里比较好。"

他的话让我很震惊,却又忍不住连连点头。一直以来,我和很多人一样,都存在一种侥幸心理,其实也是内心里对规则不够敬畏。但与此同时,其实我们已经脱离了对自身安危的控制。后来,我把这件事告诉了老板,老板当即决定与对方合作,他说:"如此敬畏规则的人一定是一个靠谱的合作对象。"

提到对规则的敬畏,很多人容易把它上升到一种特别的高度,但其实从我们自身来说,敬畏规则也是益处颇多。一个对规则保持敬畏的人,一定是一个对自己、对他人都很负责的人,而负责则是一个人立足于社会的重要根基。

缴学费的人生

□ 熊秉元

> 学费缴得更贵，学到的课程显然也更珍贵。

从武汉搭机回杭州，落地后上出租车。司机是位三十岁左右的年轻人，很健谈。

问他搭车的客人里，是男人还是女人比较难伺候，他说："当然是女人，而且越年轻越麻烦。"谈到搭车不付钱的经历，我描述了一个在台湾听来的故事：一位年轻女子要包车，讲好由台北到高雄办事，当天来回，车资新台币9000元（人民币约1800元）。折腾一整天，深夜回到台北，车子停在一个公寓大厦门口，女子说要上楼去拿钱，就此一去不复返。年轻的司机身心俱疲，回家被太太数落，在床上足足躺了三天。讲完，我补了一句："他缴了9000块的学费。"司机听了放声大笑。

觉得"缴学费"这种说法很新鲜。讲到坐车不付钱，他兴致来了。"几年前，有三个年轻人搭我的车，路程很短，只有15元。到了之后，三人说：'老子坐车从来不付钱，坐你的车算给你面子。'我把车子往路边一停，随手抄了一个长长的铁扳手，下车就把那个带头的人往死里打，打得他满头满脸是血；第二个拿木棍朝我打，我扬左手挡，手上骨头全碎。我也朝他的膝盖用力一挥，他立刻倒地哀号；第三个看了，吓得在旁边发抖。"

他给我看，左手内侧的疤痕大概有20厘米长。"装了铁片，因为骨头都碎了。公安和车队的领导都来了，问明原因，也没有怪我。后来，双方各自疗伤，彼此不追究。我在家里整整休养了一年，花了3万块医疗费。"我问他："如果重新来过，会不会有不同的做法？"他斩钉截铁地说："有的。事情发生之后，立刻就觉得不好，如果再来一次，15元不给就算了。那件事之后，我再也没有跟人发生过冲突。"

这个学费缴得更贵，学到的课程显然也更珍贵。他谈兴渐浓，话匣子又开："我们车队的队长，人很魁梧，身高一米八以上。有天载了一对母子，儿子瘦瘦的，五十来岁，坐前座，老太太在后座。大概是乡下来的，老太太似乎不懂得如何操作车门车窗，有点笨手笨脚。队长咕哝了几句，儿子轻声表示歉意：'老人家从乡下来，不懂。'到了之后，老太太下车动作慢，忘东忘西的。队长下车，指着她唠叨。儿子下车，没说话，用指头往车前玻璃上轻轻一点，厚厚的钢化玻璃立刻凹下一个洞，碎裂了。瘦男子掏出一沓钱，一千多块，塞给队长，请他多包涵。从此，队长像变了个人似的，对别人再也不颐指气使，好得不得了，队上所有的人都看得清清楚楚。"

短短几十分钟车程，听了这几个起伏跌宕、奇特的故事，是不是能归纳出一些人生智慧呢？坐霸王车赖账的事，相对简单；长程载客，先收点油钱自保，该是行规，也是常识；队长遇上武林高手的事，也不算怪，对乡下来的长者，他不但没有包容体谅，反而唠叨欺生，受了教训也是自找，但却因此改变待人处世的态度，长远来看是好事。

比较难琢磨的是司机自己持械干架的事。三个小伙子自恃人多，想坐霸王车，又出言不逊，该受教训。司机够胆识，一对三，值得肯定。而且，直道而行，不顾自己的安危，出手犀利，于法或有出入，情理上却站得住脚。然而，打了一架，自己受伤的医疗费不赀，休养一年，付出的成本（学费）可以说是极其可观。时过境迁，他已经想清楚：如果重新来过，不值得为15元的车资大动干戈，让自己和别人都涉险。

不经一事，不长一智。当然，这是后见之明的说法。无论如何，由自己缴学费的经验里可以得到一些启示；至于由别人缴学费的故事里能不能得到一些启示，显然是另一个问题了。

我的"冰雪奇缘"

□李曼路

> 滑冰这件事不在于取得多少成绩,而在于坚持。

我小时候身体不太好,经常生病。在第N次因病"翘"掉钢琴课之后,我心高气傲的娘亲终于意识到,一个粗糙却壮如牛的小朋友似乎比有天分的病秧子来得实在,毕竟身体才是革命的本钱,遂坚决将我的艺术班套餐换成体育。

羽毛球轻松休闲,网球高端洋气,我的家乡所在的城市还盛产乒乓球国手。现在想想,体育项目的选择明明那么多,我妈却绕过这些优雅的运动,直接把我送进了速滑队。

当然,不是说速滑不优雅,只是其他运动可以在场馆里进行,而十多年前的室外滑冰场可以说是非常寒酸的。就像《白日焰火》那部电影里演的,公园把冻得结结实实的湖面用护栏围起来,插几面小旗,交钱进场就可以滑。在天寒地冻的东北,湖面上乌泱乌泱的满是滑冰者,像一个展示各色花棉袄的大秀场,碰撞在这里是常事,还总听说有人撞坏护栏。

被送进速滑队的那年我只有9岁,什么也不懂。教练对于我这种小孩子是没有耐心的,他呼喝着大孩子们,把我扔在一边让我练习基本功。我还记得基本功叫"跺冰",如字面意思,就是弯腰、屈膝、背手,穿着冰鞋一步一步在冰面上跺,以此锻炼脚腕。因为没有接受过训练的人,脚腕是没有力量的,无法依靠冰鞋薄薄的刃在冰面上站立。

教练要求每天跺满500步,对我而言就是每天500个跟头。那个寒假过得无比狼狈,每天下课以后,我都糊着一脸雪沫和流着长长的鼻涕,外套几乎被融化的雪浸透。这时候我妈就会从休息区过来,帮我把东西收拾好,领我回家。有一次我终于哭哭啼啼地反抗，可我妈什么都没说，实际上她根本就没搭理我——像往常一样把滑冰用的装备收拾起来，以一种不容置疑的语气跟我说："走吧。你走不走？"

拳打不倒翁，我只能垂头丧气地跟上。

只是那天在回家的路上，我妈突然跟我说："滑冰这件事不在于取得多少成绩，而在于坚持。"

这一坚持，就是4年。我终于从"跺冰队"毕业，能够慢慢滑行，后来超过绝大部分人，再后来还参加了几场比赛，取得一些小小的成绩。这4年里，我妈始终披着她最厚的棉袄，戴着大口罩和棉帽子在休息凳旁边看着我。我看不清她的表情，可我知道她一直都在。

东北的冬天，室外温度非常低。最可怕的是刮风的日子，风刮在脸上像针扎一样疼，很容易冻伤。我妈总是站着，经常左右晃动变换重心，很久以后我才知道，天气太冷，休息凳上坐不住人。

这个炫酷的女人从来都是用这种招数，沉默地陪我去上课，偶尔记录老师在课堂上讲的内容，腰背笔直，风雨无阻，像班级里那种最令人讨厌的优等生——跟他们在一起，你永远无法让退缩变得心安理得，只能竭尽全力跟上。直到你一刀一刀削去懒惰、拖延等所有小孩子会有的缺点，把坚持、耐心这些优秀品质深深刻在骨子里，才能真正拥有强大的内心。

多年后我凭着钢琴和舞蹈在学校里出尽风头，唯独滑冰，大概很少有学校或者单位会搞一场速滑比赛，至少我从来没有遇见过。但是支撑我克服钢琴演出里种种状况的是坚持，支撑我熬到深夜还在做题的是坚持，支撑我在工作中细心再细心的是坚持——而这些，都是在简陋的滑冰场上一遍遍滑出来的。

后来我问我妈，当时究竟为什么把我送进苦兮兮的速滑队。我妈说，她以为是那种带轱辘的轮滑，还很纳闷为什么冬天就开班，不过既然开班了就得坚持到底……她还很不好意思地安慰我："你看你现在不是也不怕冷了吗？"

我无话可说，嗬，这一场"冰雪奇缘"。

你的美好,请勇敢而坚定地绽放

□韩大爷的杂货铺

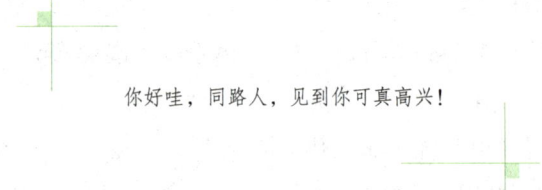

你好哇,同路人,见到你可真高兴!

记得刚上大学的时候,遇到过一个很戏剧化的问题:母亲每次从乡下赶来看我,都不好意思往校门里进。我劝她说:进吧,别想太多,你这辈子最大的心愿不就是考大学吗?这回你儿子考上了,基因里有你的股份,走,进去溜达溜达。

母亲知道辩不过我,就没直白地说出那句"妈怕给你丢人",特地挑了个充满文化气息的说法:妈怕影响你的人际关系。

我拉起她的手往校门里迈,边走边跟她做了一番理性分析:您的目的不就是想让你儿子在同学间收获许多高质量的人际关系吗?

高质量的人际关系想要建立起来,最起码得占两条:第一,你儿子是好样的,让人觉得值得一交;第二,对方是好样的,让你儿子觉得志趣相投。

那我们来设想一下,如果我出于所谓的面子,把你拦在门外,连跟我妈携手散步的气度都没有,那我是什么?我是一小人啊,谁会愿意和小人交朋友呢?

再来设想一下,如果我跟你在校园里走,被某位同学撞见,她因你的穿着和身份便对我产生鄙夷,或是在心里嘲笑或是在将来因为我出身低微就不和我打交道,那这样的人算什么?

第一,从表面现象便妄下猜忌,这样的人不明智;第二,在今天思想仍然如此封闭,且轻易就受到成见左右,这样的人没主见;第三,连最基本的尊重与包容都没有,这样的人不道德。

一个目光狭隘短浅,思想也不解放,还很不仁义的鼠辈,甭说交朋友了,连称其为"大学生"的必要都没有,这样的人际关系,不要也罢,且早断早好。正好您老今天一来，可以帮你儿子树立一个光辉灿烂的形象；二来呢，还无形中为我当了一把筛子，筛掉那些没资格和你儿子做朋友的人。

等我啰唆完这么一套，两人已行至校园深处了。母亲那天很高兴。

很多时候我们不敢坚持正确的事情，多半是在怕得到坏结果。

像我母亲，她只把目光放在了那种结果的可能性上，便使心中的顾虑转移到腿上，进而阻挠了行动力。而我的劝说方法也很简单，那就是让她看到：结果有时也结烂果，不要因为怕见到烂果子，就不敢摇那棵树。

我们坚守美好，该怎么样就怎么样，目的并非把所有的果子都揣进兜里，或与每一个人都挂上"朋友"；也是为了把那些烂掉的果子荡下来，把那些本就不值得的人排出去。

反之，如果失了这份最基本的底气与自信，一味地迎合讨好，委曲求全，哪怕一时把这床被子抹得平整，看起来和谐雅致了，但逃得了初一，逃不过十五，因为最根源的矛盾一直存在，我们抹平的仅仅是表象，日后这床被子鼓包，是早晚的事情。

更何况，以笑态迎不值得，何以报答值得者？没有区分度的感情正如缺了堤岸与边界的河流，大水模糊的不只是你与某一拨人的矛盾点，同时也含糊了你对另一拨人的真心。

事实上，那次我与母亲同游校园的场景，还真的被一位同学看到了。第二天上课时她走来问我：你昨天带阿姨来学校里了啊？我笑着说是，她同样莞尔，坦诚说道：真好，看你们笑得很开心。也是如此，我与她建立了很好的友谊。

四年后，毕业前我才知道她的家庭背景，暗暗感佩，且在一次回家时跟母亲提起这事来：您看，我就说没什么吧！人家真正有家教，见过世面也值得一交的人，根本不会因为这些因素对咱们降低好感。

人与人之间的关系，就像放烟花，你冲夜空中抛射出什么样的图案，自然就会招来什么口味的观光客。

如果说真的有什么一以贯之的游戏规则，那么应该是：持续释放美好，坚持做正确的事情。

当你持续将一种图案勇敢且坚定地释放，哪怕它只是一根羽毛，也总会引来属于你的那只飞鸟，它跨越万水千山，沿着这图案向你迁徙。等你们最终相遇，会异口同声地说一声：你好哇，同路人，见到你可真高兴！

当你不喜欢，你就不习惯

□张嘉佳

所有的坏习惯，都提醒你曾经的喜欢。

养成一个习惯要多久？网上说是21天。

你坚持跑步21天，到了第22天，双脚就会自动伸向运动鞋；你早起早睡21天，到了第22天，太阳一露面，你的脑袋就会离开枕头。

改掉一个习惯要多久？毕竟很多坏习惯已经养成了许多年。

前两天身体不太舒服，跟朋友聊完正事，他带我去做推拿。推拿师穿着白色长衫，两手略微在我身上拂了一拂，就分毫不差地说出了目前我的身体出现的问题。当时我就表示出极大的不信任，这分明是一个伪装成推拿师的算命先生在吓唬我。

推拿完毕，又走了一遍气罐，推拿师被我吓到了。他盯着我背上的瘀黑，就像看一副卦象，而这副卦象显然是"大凶"。

推拿师跟我说："你要回去打坐，运动。我教你几个好习惯，你若能坚持便可自愈。"

我算了算这些好习惯实现的可能性，谢了他的好意，表示宁愿继续过来消费。

推拿师不甘心，又说："你怕浪费时间，那至少可以改掉一些坏习惯。"

熬夜、饮食不规律、情绪波动大，这三个坏习惯先改，剩下的几个慢慢来。

要怎么改呢？只有夜晚是属于自己的，只有饮食是可以任性的，只有情绪是真实的。

所有的坏习惯，都提醒你曾经的喜欢。曾经喜欢在凌晨看着朋友一个个入眠，喜欢冰凉的糖水围绕着辣火锅，喜欢觉得无趣就开门离开。

因为还喜欢，所以不想去改。何况比起我来，习惯更恶劣的人多得是。

我有一个朋友,已经被坏习惯拖累得生活都不正常了。他24小时开着手机,睡觉时把手机塞在枕头底下,一晚上会被赌场短信和软件推送频繁吵醒;他早早起来,却在上班前去颐和路绕一大圈,绰绰有余的时间,被他这一大圈绕得来不及;他经常改动自己网络社交账号的名称,网络个性签名变得很快,一刷像是滚动屏。

他习惯了推掉出差,拒绝加班,习惯把家里的地板一遍一遍地拖,钻到床底下拿着毛巾仔细地把灰尘揩干净。这些习惯他用了4年养成,用了4年贴近另一个人,陪她聊天,接她上下班,通报自己的状态,他有了洁癖,因为她有哮喘。接着他又用了6年,继续小心维持,即使已经分开,依旧在空间中留出另一半。

改掉习惯要多久?不在于时间的长短,只需要一个简单的理由。

当你不喜欢,你就不习惯。

苏轼：低情商大炮

□ 杨 杰

> 有个这样低情商的朋友，你还真生不起气来。

北宋第一大V苏轼是个斜杠青年，段子手/吃货/技术宅/兼职词人。在那帮当官的文人中，他也是情商洼地。

元祐元年，丞相司马光去世，葬礼那天正赶上朝廷百官参加太庙大典。大典完毕，苏轼跟同事一起去吊唁司马光，却让程颐拦在了灵堂外。

程颐，就是和哥哥程颢发展理学的那位，主张"饿死事小，失节事大"。他是葬礼的大张罗，指着苏轼说，孔子说了，子哭则不歌，你们这帮人刚刚在太庙大典上听了歌曲，就不能哭了！

苏轼不管你权威不权威，马上反驳，哭则不歌不代表歌则不哭哦。没理程颐径直进了灵堂。进是进去了，司马光的儿子却没来接受客人的吊祭。原来这程颐不让人家出来，说真正的孝子应该悲痛得无法见人，要哭晕瘫倒才对。

苏轼一听，嘲笑程颐："伊川可谓糟糠鄙俚叔孙通。"你程颐迂腐死板，整个儿一个假学究！此句一出，弄得程颐脸红脖子粗。从此苏轼和程颐结下了梁子，互相屏蔽朋友圈。

苏轼有个好朋友叫陈季常，造了个富丽堂皇的大房子叫濯锦池，又养了一群歌伎。客人来了，莺歌燕舞地招待，相当于进了KTV，高端大气上档次。

陈季常的老婆柳氏是个狠角色，性情暴躁凶妒，每当一群伶人莺歌燕舞时，就醋性大发。拿着木杖大喊大叫，狠凿墙壁叮叮当当，让老陈很是尴尬。

苏轼瞧见了，蔫儿坏一笑，专门送了首诗取笑哥们儿：龙丘居士亦可怜，谈空说有夜不眠。忽闻河东狮子吼，拄杖落手心茫然。

河东是柳氏的郡望,暗指柳氏。"狮子吼"一语来源于佛教,意指"如来正声",比喻威严。拜苏轼所赐,这位好友因怕老婆出了名。

苏轼的情商低常常体现在说话不经过大脑,是个碎嘴子,想到啥说啥。他说朋友马梦得:"马梦得与仆同岁月生,少仆八日。是岁生者,无富贵人,而仆与梦得为穷之冠。即吾二人而观之,当推梦得为首。"意思是马梦得跟我同年同月生,比我小8天。据我观察,这年出生的都是穷鬼,我和梦得是穷鬼中的穷鬼,但相较而言,梦得更厉害,他是穷鬼中的战斗机。

他看了偶像韩愈的日记:"'我生之辰,月宿南斗。'乃知退之磨蝎为身宫,而仆乃以磨蝎为命,平生多得谤誉,殆是同病也。"二人都是摩羯座的,我俩都很命苦,说明摩羯座不是啥好星座。

他臧否历史人物:"汉武帝无道,无足观者,惟踞厕见卫青,不冠不见汲长孺,为可佳耳。若青奴才,雅宜舐痔,踞厕见之,正其宜也。"汉武帝这个人不咋地,一辈子就干了一件好事,那就是当着卫青的面拉屎。我觉得这个很好啊,毕竟卫青这货一脸奴才相,当着他的面拉屎,真是各取所需。

苏轼不留情面,该说啥说啥,在讲究难得糊涂、处世圆滑的年代是一股泥石流。有一次他退朝回家,指着自己的肚子问下人:"你们知道我这里面有什么吗?"

一个回答"文章",一个说"见识"。苏轼摇摇头,他的红颜知己王朝云笑道:"您肚子里的都是不合时宜。"苏轼赞道:"知我者,唯有朝云也。"

满肚子不合时宜,嘴下不留情,面子不多给,这样的人竟然朋友还挺多,怪哉。

他和达官贵人交朋友,和贩夫走卒也交朋友,被贬黜的那些年,一路吃吃喝喝,游山玩水,看样子似乎心情都不错,在控制自己情绪这部分"情商"中,做得简直出类拔萃。

那令别人开心的那部分"情商"呢,他也没刻意钻营,坦荡表露喜恶,不加言语修饰,毫无矫揉造作之状,大概能理解的是真朋友,需要讨好的都是虚情假意的朋友,不要也罢。

现代社交礼仪有个大忌,慎用"呵呵",这俩字在微笑之外,引申出了轻蔑、无语、早点结束对话之意。低情商的苏轼特别喜欢用它。他在给好友的信里写:"近却颇作小词,虽无柳七郎风味,亦自是一家。呵呵。"——颇有得意的神色,老子也不错嘛。还有一次,陈季常接到苏轼的来信:"一枕无碍睡,辄亦得之耳。公无多奈我何,呵呵。"他跟好友嘚瑟,只要让我睡个好觉,填上你的词,小事一桩,呵呵。

有个这样低情商的朋友,你还真生不起气来。悄悄转发一个《赶紧保存!提高情商的99种做法!》,保准让他喷个狗血淋头。

表情包很多的你，表情却很少

□ 毕淑敏

> 表情肌不再表达人类的感情了，或者说它们只表达一种感情，那就是微笑。

1

学医的时候，老师问过一道题："人和动物在解剖形态上的最大区别是什么？"

当学生的争先恐后地发言，都想由自己说出那个正确的答案。这看起来并不是个很难的问题。

有人说："是站立行走。"先生说："不对。大猩猩也是可以站立的。"

有人说："是懂得用火。"先生不悦道："我问的是生理上的区别，并不是进化上的。"更有同学答："是劳动创造了人。"先生说："你在社会学上也许可以得满分，但请听清我的问题。"

满室寂然。

先生见我们混沌不悟，自答道："记住，是表情啊！地球上没有任何一种生物有人类这样丰富的表情肌。比如笑吧，一只狗再聪明也是不会笑的。人类的近亲猴子勉强算作会笑，但只能做出龇牙咧嘴一种表情。只有人类，才可以调动面部的所有肌群，调整出不同的笑容，比如微笑，比如嘲笑，比如冷笑，比如狂笑，以表达自身复杂的情感。"我在惊讶中记住了先生的话，以为是至理名言。

近些年来，我开始怀疑先生教了我一条谬误。

乘坐飞机，起飞之前，每次都有空姐为我们演示一遍空中遭遇紧急情形时，如何打开氧气面罩的操作。我乘坐飞机数十次，每一次都凝神细察，但从未看清过具体步骤。空姐满面笑容地屹立于前舱，脸上很真诚，手上却很敷衍，好像在做一种太极功夫，点到为止，全然顾不到这种急救措施对乘客是怎样的性命攸关。我分明看到了她们脸上悬挂的笑容和冷淡的心的分离，升起一种被愚弄的感觉。

我有一位相识许久的女友，原是个敢怒敢恨、敢涕泪滂沱敢笑逐颜开的性情中人。几年不见，不知在哪里读了淑女规范言行的著作，同我谈话的时候身子仄仄地欠着，双膝款款地屈着，嘴角勾勒成一个精致的角度。粗一看，你以为她时时在微笑，细一看，你就捉摸不透她的真表情，心里不禁有些发毛。你若在背后叫她，她是不会立刻回了脸来看你的，而是端端地将身体转了过来，从容地瞄着你，说骤然回头会使脖子上的肌肤提前衰老。

她是那样吝啬使用她的表情，虽然她给你一个温馨的外表，却没有丝毫的温度。我看着她，不由得想起儿时戴的大头娃娃面具。

遇到过一位哭哭啼啼的饭店服务员，说她一切按店方的要求去办，不想却被客人责难。那客人匆忙之中丢失了公文包，要她帮助寻找。客人焦急地述说着，她耐心地倾听着，正思谋着如何帮忙，客人竟勃然大怒，吼着说："我急得火烧眉毛，你竟然还在笑。你是在嘲笑我吗？"

"我那一刻绝没有笑。"服务员指天咒地对我说。

看她的眼神，我相信是真话。

"那么，你当时做了怎样一种表情呢？"我问，恍恍惚惚探到了一点头绪。

"喏，我就是这样的……"她侧过脸，把那刻的表情模拟给我。

那是一个职业女性训练有素的程式化表情，眉梢扬着，嘴角翘着……

无论我多么同情她，我还是要说，这是一张空洞漠然的笑脸。服务员的脸已经被长期的工作，塑造成她自己也不能控制的状态。

2

表情肌不再表达人类的感情了，或者说它们只表达一种感情，那就是微笑。

我们的生活中曾经排斥微笑，关于那个时代我们已经做了结论。于是我们呼吁微笑、引进微笑、培育微笑，微笑就泛滥起来。荧屏上著名和不著名的男女主持人无时无刻不在微笑，以至于使人不得不产生疑问，我们的生活中真有那么多值得微笑的事情吗？

微笑变得越来越商业化了。他对你微笑，并不表明他的善意，微笑只是金钱的等价物。他对你微笑，并不表明他的诚恳，微笑只是恶战的前奏。他对你微笑，并不说明他想帮助你，微笑只是一种谋略。他对你微笑，并不证明他对你的友谊，微笑只是麻痹你的一重帐幕……

这样的事见得太多之后，竟对微笑的本质怀疑起来。亿万年的进化，我们的身体本身就成了一本书。

人的眉毛为什么要如此飞扬,轻松地直抵鬓角?那是因为此刻为鏖战的间隙,我们不必紧皱眉头思考,精神得以豁然舒展。人的上眼睑肌为什么要如此松弛,使眼裂缩小,眼神迷离,目光不再聚焦?那是因为面对朋友,可以放松警惕敞开心扉,放松自己紧张的神经,不必目光炯炯。人的口角为什么上挑,不再抿成森然一线?那是因为随时准备开启双唇,倾吐热情的话语,饮下甘甜的琼浆。

因为快乐和友情,从猿到人,演变出了美妙动人的微笑,这是人类无与伦比的财富。笑容像一只模型,把我们脸上的肌肉像羊群一般驯化了,让它们按照微笑的规则排列,随时以备我们心情的调遣。假若不是服从心情的安排,只是表情肌机械地动作,那无异于噩梦中抽筋,只会遗留久久的酸痛,与快乐是毫无关联的。

记得小时候读过大文豪雨果的《笑面人》,一个苦孩子被施了刑法,脸被固定成狂笑的模样。他痛苦不堪,因为他的任何表情,都只能使脸上狂笑的表情更为惨烈。无时无刻不在笑——这是一种刑罚,它使"笑"这种人类最美丽、最优美的表情,演变为一种酷刑。

现代自然没有这种刑罚了。但如果不表达自己的心愿,只是一味地微笑着,微笑像画皮一样黏附在我们的脸庞上,像破旧的门帘沉重地垂着,完全失掉了真诚善良的原始含义,那岂不是人类进化的大退步、大哀痛?

人类的表情肌除了表达笑容,还用于表达愤怒、悲哀、思索、惆怅以致绝望。它就像天空中的七色彩虹,相辅相成,所有的表情都是完整的人生所必需的,是生命的元素。

我们既然具备流泪的本能,哀伤的时候就该听凭那些满含盐分的浊水淌出体外。血脉偾张、目眦欲裂,不论是为红颜还是为功名,未必不是人生的大境界。额头没有一丝皱纹的美人,只怕血管里流动的都是冰。表情是心情的档案,如果永远只是空白,谁还愿把最重要的记录留在上面?

3

当然,我绝不是主张人人横眉冷对。经过漫长的隧道,我们终于笑起来了,这是一个大进步,但笑也是分阶段,也是有层次的。空洞而浅薄的笑如同盲目的恨和无缘无故的悲哀一样,都是情感的赝品。

有一句话叫作"笑比哭好",我常常怀疑它。笑和哭都是人类的正常情绪反应,谁能说黛玉临终时的笑比哭好呢?

痛则大悲,喜则大笑,只要是从心底流出的对世界的真情感,都是生命之壁的摩崖石刻,经得起岁月风雨的打磨,值得我们久久珍爱。

我最好的朋友，是我的内心戏

□ 陶瓷兔子

> 习惯了活在内心戏之中的人，往往特别容易陷入防御性倾听。

1

在地铁上旁观了一对母女吵架，觉得蛮有趣的。

小姑娘大概高中生的模样，正拿着手机刷新闻，忽然伸手戳了戳正眯着眼睛打盹的母亲，紧张兮兮："妈你看，新闻上说有一家人因为吃了泡得太久的木耳都住院了，你以后千万别把木耳泡那么久了，多危险。"

做母亲的撇撇嘴："别信这些有的没的，我做了这么多年饭，木耳都是这样吃的，你还不是好好长大了？"

"昨天家里的凉拌木耳……你不会也泡了好几天吧？"

"是又怎么样？我做了这么多年饭了，还要你教我？我是你妈，我能害你？"

"以后咱们就现吃现泡吧，你这种做法不安全。"女孩坚持。

"就你能是不是？"女孩话音未落就被母亲打断，"你做过饭吗？长到十几岁厨房都没下过一次，还在这儿挑拣我的不是，有本事你以后别吃我做的菜。我天天下班累得要死还要给你做饭，你不领情就算了还教训起我来了，这么多年书都读到哪里去了？小没良心的，跟你爸一模一样。"

那女孩在母亲的怒火和抱怨中败下阵来，草草嘟哝了一句"我不是这个意思"就转过头去，脸上也有愠色，一直到下车，母女俩都没再说过一句话。

2

有次聚会时一位女友讲起自己的童年往事，觥筹交错中竟差点掉下泪来。

她小时候家里有段时间出了意外欠了很多钱,爸妈都在外面打工挣钱,而还在上小学的她,特别想要一个跟同桌一样的新款书包。

她软磨硬泡了很久,妈妈才答应,要是她期末考试考全年级第一就给她买新书包。

说这话的时候,她排在班里的十名开外,对新书包的渴望让她忽然爱上了学习,成绩突飞猛进,居然真的考到了第一名。当她兴奋地把奖状拿回家讨要新书包的时候,只得到了一句无奈的叹息:"昨天刚还了一笔钱,等有钱了就给你买。"

这个书包,从她的八岁欠到十八岁,再到二十八岁,即使后来家境好转起来,也没有人再想起那个书包的事。

她是有次回家的时候偶然跟父母提起:"我小时候你们还忽悠我呢,说考第一名给我买书包,结果一直也没给我买,我失望了好久呢。"

不过一句笑言,惹得父亲勃然大怒。

"那时候我跟你妈一天打三份工供你上学,你问过我们有多辛苦吗?一个破书包你记这么久,我们为你做了这么多事你怎么不说?"

她刚解释了几句,母亲就眼泪汪汪地跟着数落:"我当时不那么说,你能努力学习吗?你现在能上得了大学吗?当年家里哪方面不是好的都让你先吃先用,你怎么能这么说?"

她那天几乎是从家中落荒而逃的,如今提起依然红了眼眶。"我根本就不是翻旧账指责他们,他们把我想成什么人了?我在他们心里就真的这么没良心吗?不过是想好好说句话,怎么就那么难?"

3

这样的情形,似乎应和了那句"父母在等我们道谢,我们却在等父母道歉",看似是同一个层面上的对话,其实压根不在同一个空间里。

习惯了活在内心戏之中的人,往往特别容易陷入防御性倾听。

他们往往先给自己预设一个自我保护的立场,比如"她是在挑衅/他可能是故意要激怒我",而所有后续的对话,又像是不受控制的小磁针,纷纷向自己预设的磁场靠拢。

在这样的对话中,并没有"你"和"我",有的只是一个人和TA的内心戏。

当地铁上那个小姑娘说"你这种做法不安全"时,她母亲听到耳朵里的是"你是错的"。

当我这位朋友讲起"我失望了好久"时,她父母听到的却是"你们真是不负责"。

一个在讲事实，一个在讲道理。

一个满怀怒气，一个满腹委屈。

4

更糟糕的是，习惯于防御性倾听的人常常无法意识到自己的沟通模式，当你告诉他"是你想多了""我没有这个意思"时，他们反而会更加生气。

如果你不得不跟这一类人打交道，最好的方法并不是讲道理，而是找到并且避开他们的雷区。

知道对方特别在意对错，就不要用"你应该""你最好"之类的句式发起沟通，可以尝试更委婉一点的聊天方式，比如"我知道一个方法，你觉得怎么样？"

防御型的人只是固执，但并不傻，只要雷区不爆炸，他们便有足够的理智来思考和吸收你讲的这件事，而不是急于证明"你是错的，我才对"。

如果你是防御型人，不妨尝试主动跟对方确认他的想法，多采用"你的意思是……吗"和"你是不是想说……"的句式，来弄清对方的真实想法。

别让内心戏成为束缚你人生的茧房。

一生只有一次，别拧巴，好好活。

别人出糗了，你尴尬什么

□ 雷炳新

> 尴尬的节目内容之所以让人有逃离屏幕的冲动，是因为它带来的感受是切切实实的如坐针毡。

舞台上，歌手唱歌跑调了，自己却浑然不知；喜剧表演中，演员用那些你一听开头就能猜到结尾的桥段……这总会让我们露出尴尬而不失礼貌的微笑。

别人出糗了，你尴尬什么？明明应该是出糗者浑身不自在，可为什么有时候我们自己比他还难受呢？这种"看到别人出糗，我却无比尴尬"的现象，其实很常见，它在心理学里还有个专业名称，叫"替代性尴尬"。

德国吕贝克大学社会神经科学实验室主任索伦·卡赫教授认为，替代性尴尬源于人们的共情。共情是一种神奇的能力，它能推动人们进入他人的内心世界，去体会、感受他人的情感与认知。当共情发生时，我们不仅能与他人感同身受，还能对他人的情感进行客观的理解和分析。因此，在目睹了他人的窘迫后，我们的大脑能在很短的时间内抓取出他人因出糗而产生的不良情绪体验，并把这种体验"传递"到自己身上。

在卡赫教授的实验中，619名试验者需要评估一系列由小卡片所呈现的尴尬情境。实验结果发现，无论卡片中的主角是否意识到自己出现的问题，作为旁观者的实验者都能体验到不同程度的尴尬。更重要的发现是，实验者自身具有的共情水平与他们体验到的尴尬程度存在显著的正相关。也就是说，那些能轻易进入他人内心、感受他人情感的人，在面对他人的尴尬时，可能会产生更强烈的尴尬体验。所以，"尴尬癌"症状严重的人，很可能在生活中也是共情水平高的人。

还有一个有趣的发现是，替代性尴尬带给我们的可能不仅仅是面红心跳、手心冒汗，它还可能带给我们一种心理疼痛感。卡赫教授发现，身处替代性尴尬之中的实验者，大脑中前扣带回和左前脑岛会变得活跃起来，而这两个脑区在传统上又被认为是"痛苦中枢"的一部分，即专门负责加工疼痛相关情绪的区域。所以说，看到别人出糗会让你有种淡淡的疼痛感。

原来，尴尬的节目内容之所以让人有逃离屏幕的冲动，是因为它带来的感受是切切实实的如坐针毡。而且，共情水平越高的人，这种"疼痛感"越强烈。

除了共情，有研究者认为，替代性尴尬还有更实用的解释。德克萨斯大学泰勒分校的埃里克·斯塔克斯教授提出，替代性尴尬是一种学习机制，它能让我们仅仅通过观察他人的窘境，就能体验到身处窘境之人的认知和感受。这样，当我们日后出现相同的尴尬或者处于相同的环境中时，便能有一定的心理准备，甚至能提前做出一些应对。

坏天气也是风景

□ 曾 颖

> 原来,我不仅躲过了坏天气,也躲过了绚烂风景。

在我的旅行经历中,最奇特的一次,发生在西昌。彼时,我是去参加一场笔会。

坐火车到达西昌,在主办方接站的大巴上,我与邻座一位"90后"女孩闲聊起来,她是这次活动的摄影师。

笔会于第三天中午结束,空出了大半天时间,于是摄影师小妹妹提议到邛海旁的山上看看,据说那里可以看到大半个西昌城。

同行的老同志们一听要爬山,大多本能地拒绝了。摄影师小妹妹失望地望向我,眼神中分明有挑衅——你敢不敢去?

虽然爬山不是我的强项,但服输更不是。于是,顶着她挑衅的目光,我说:"去!"

我们打车来到泸山风景区时,天色渐渐阴沉下来。看着缓缓盖过来的乌云,想到即将到来的暴风骤雨、被雨水泡得稀软的山间泥道、横空扫过的雷电和四散乱飞的杂枝碎叶……我面露难色,不想往前了。

"你不敢去了?"

"马上要变天了!"

"坏天气也是风景啊!"

不得不承认,她的这句话像一把榔头,将我刚冒出的放弃的想法砸了个粉碎。

我们坐着观光缆车一路上行,跟堂吉诃德和桑丘准备去"杀"风车一样。

下了缆车,我们往山顶奔去。一路上,人和猴子都在奔逃,他们要在大雨来临之前，找到一个避雨的去处。换作往日，我也会这么做。

　　终于，我们到达了高处的一个亭子。这时，远处的乌云已如一床巨大而乌黑的棉被，将西昌城罩在茫茫的水雾之中——大雨马上就要扑向这座城市了。

　　在乌云尚未抵达的另一边，邛海的水色变得更深了，把远处明亮的天空映照得更为刺眼。越逼越近的黑，越来越深的蓝，远处越发刺眼的白，以及深陷这白之中的急于逃脱的黄，它们相互渗透、相互洇染。海上，风卷起一排排白色的浪，浪尖上水鸟穿梭往来。耳边是风声和雨声，周围的草、树，甚至我身上的衣服，似乎都要随风而去。雨打在凉亭上，溅起的水珠疯狂地与风共舞，扬成雾花。整个世界，被包裹在浩大的风雨声中。

　　这一切，组成了一幅令人震撼的壮阔画卷，将我眼前的天、地、山、水，全部囊括。

　　这是我以往从来没有体验过的。曾经的我总会抢在坏天气来临之前躲进自以为最安全、最舒适的去处，原来，我不仅躲过了坏天气，也躲过了绚烂的风景。

　　不单是旅行，人生何尝不是如此？我们的一生，其实就是一场旅行，春花、秋月、夏日、冬雪，路上的风景一样都不该少。如果我们只将某一个时段的风景视为风景，那么势必会对另外的风景抱以拒斥的态度，但天气和风景是无所谓好坏的。

真正的陷阱

□张君燕

> 大的陷阱危险容易识别,而真正危险的是暗藏的小陷阱。

早年,三叔在南太行的深山中做守林员。一个人守着一座山,未免有些单调、乏味。那时候,山里的野味非常多,三叔偶尔会抓几只野兔、打几只山雀,给自己打打牙祭。而且,与动物斗智斗勇的过程也让他感觉非常兴奋和刺激。

三叔说,除了小动物外,他还抓住过体格大型的野猪。有段时间,野猪经常到他住的屋子附近晃悠,把篱笆拱得七零八落。三叔便琢磨着给野猪点厉害瞧瞧。野猪一般重达几十斤,有的上百斤,还具备很强的攻击性,想要抓住它们可不是一件容易的事情。很显然,凭三叔一个人很难制服野猪。三叔便在房子周围挖了陷阱。这些野猪却很聪明,似乎看穿了三叔的"招数",总能巧妙地避开。后来,三叔想了一个妙招,接连成功地捕获了几头野猪后,那些野猪再也不敢来"冒犯"了。

"是什么妙招呢?"我们听得入迷,迫不及待地问。

三叔清了清嗓子,笑着说:"在大陷阱旁边又挖了一个小陷阱。"

这算什么妙招呢?不还是陷阱吗?难道野猪看不出来了吗?

三叔告诉我们,恰恰是这个小陷阱捕到了野猪。野猪识别出大的陷阱之后,放心地继续往前走,一不留意就掉进了紧挨着的小陷阱中。

就这么简单?我们一个个都等着听惊心动魄的大戏,所以三叔的答案不免让当时年幼的我们有些失望。三叔却摇了摇头,轻声说:"简单吗?一点都不简单啊!"

时隔多年,再次想起三叔的话,早已有了不同的认识和感受。大的陷阱危险容易识别,而真正危险的是暗藏的小陷阱。从另一个角度来说,当一个陷阱被排除的时候,不是放松和得意的时刻,因为真正的陷阱可能会紧随其后。

你的努力，要配得上你的野心

NIDE NULI

梦想不是乌托邦，更不是空想，去出发、去行动才是最有意义的事情。为了梦想披荆斩棘，不气馁，不自卑，不懒惰，全力以赴，脚踏实地才能成就耀眼将来。

每进一步，世界都会多给你一条退路

□少女陆 sunny

> 究竟怎样才能过上自在的人生？不过就是你自己来掌控你赚钱的方式、你生活的方式。

1

大二那年，有一次我在学校看演出，看到一个个弹吉他的男生边唱边弹，觉得弹吉他是很酷的一件事，于是演出结束后，我就兴冲冲地参加了吉他学习社团。

刚开始的几个礼拜，我还天天兴致勃勃地在寝室里面瞎弹。可是课程上到后面，越来越难，我也越来越跟不上，怎么弹都觉得不顺手，一回到寝室不自觉地就想葛优瘫，一个学期课程结束，我甚至连一开始学会的那首《小星星》也越来越弹不熟练了。

后来，那把吉他跟随我回到家，放在我房间里，我却始终没再打开过它。

和我完全不一样的是我的一位学长，我们俩一起跟着老师学，一起学会了弹《小星星》，只是《小星星》之后我们两个的轨迹却完全不一样了。

我越来越差，而学长，越来越好。

我一直停留在《小星星》阶段，甚至不断倒退，当时的想法就是，我又不靠这个吃饭，想学就学，不想学就不学，我自己高兴就好。

而学长每天都回去练习好久，慢慢地就学会了《当你孤单你会想起谁》《丁香花》这类流行歌曲，随后还越学越深，弹得越来越流畅，老师都点名夸赞他。

"学长，你这么弹，手不疼啊？"说真的，弹吉他需要用力，每弹一次，我都觉得手好疼。

"一开始疼，后来慢慢就习惯了，弹多了就好了。"当时听到这话，我不由得感到惭愧。

其实，我也是想学好吉他的，可是越到后面，越力不从心，归根结底，不过是我怕苦怕累罢了。

只是，这世界上哪一件事情，不是这般？

学长后来一直跟着老师深入学习吉他，毕业前夕，他已经能够教小学生弹吉他了。

学长毕业之后，回到家乡做了一名机械设计工程师，平时没工作的时候，还是会教孩子们弹吉他。

前两天和学长聊天，这才发现他的人生因为吉他，有了不一样的收获。

"陆，有空来找我玩，我最近开了家吉他社，教孩子们弹吉他。"隔着手机屏幕我也能够看到他的轻松自在。

"你之前的工程师，不做了啊……"

"前段时间觉得工作太累，还是教孩子们练吉他比较开心，就自个儿琢磨着开了一家，以后这个就当主业了。"哪怕没见到学长，我也能想象得到他的容光焕发。

我突然发现，原来人生居然还有这么一种过法。

大学好好学习专业知识，毕业后找到对口的工作。可是偏偏啊，你又有了一样新的技能，而且这项技能能赚钱。你发现，你的人生顿时一片海阔天空。

究竟怎样才能过上自在的人生？不过就是你自己来掌控你赚钱的方式、生活的方式。

而每一项技能的获得，都为你增添了一种新的可能性。

2

大二下半学期，有段时间我疯狂地学英语。

我一般早上五点半起床，洗漱半小时，然后跑到操场上去大声朗读一小时，之后回食堂吃早饭，即便在吃早饭的时候，我耳朵里面还塞着耳机，在听BBC。

吃完早饭我也不回寝室，紧接着我会跑到早读室，一直读到八点十分，然后赶到教室上课。

一整天的课程结束后，我会一边看美剧一边拼命地练习发音。一集我要看上一个礼拜，我会把剧情里的所有对话，翻来覆去说上一个星期。手机的屏幕也为了让我适应英语学习，一律换成全英文。

当时就只有一个单纯的念头，要把英语好好地给说出来，就这么简单。

两个月后，我们这一届的学生去参加展览会，主要任务是帮助外商沟通交流。

我遇到的是一位巴基斯坦叔叔，他不会说中文，每次有顾客过来，我都会在一旁协助翻译沟通。我专心帮忙售卖，努力表达客户的意思，他认真理解，随后对我阐述内容。

一来一往，居然恰到好处，完美配合。

虽然展会只不过短短的三天，但我和巴基斯坦叔叔成了好朋友。

临别之际，他认真地对我说："Sunny，以后没工作了，就来找我。"他给我留了电话号码，我知道他不是在开玩笑。

一直到现在，我都和叔叔保持着联系，偶尔会闲聊几句，叔叔还会对我说："Sunny，什么时候来为我工作啊？"

我每每听到这句话，总是会傲娇地说一句："等我失业的时候啊！"

若是没有那两个月的勤学苦练，就没有那几天的脱口而出，若是没有那几天的脱口而出，说真的，我也不确定，我能否和叔叔的关系保持得这么好，毕竟，磕磕绊绊的英语，是阻碍我们交流的屏障，而无法顺利地交流，又何谈关系的促进？

毕业之后，我并没有从事与英语相关的工作。我投入了互联网公司的潮流，加班是常事，文案写作要懂，PPT要会做，数据要会分析。偶尔会有抱怨的时候，只不过，不知为何，我的内心，从不恐惧，从不慌张。

就好像是知道，哪怕没了眼前这份工作，我还有退路，我还能够去做英语老师，并且，我能够做得很好。眼前的这一切，只是因为，我曾系统地学习过一样新的事物，它成为我让这世界为我开出的第二张通行证。

学习的过程自然是痛苦的，只是，技能的获得，让我面对这个世界，一下子有了充足的底气。你越强，选择就会越多，这个时候，不再是生活掌控着你为柴米油盐而奋斗，而是你掌控着生活，此时此刻的你，才真正拥有了选择的权利。

3

胡适先生说过："怕什么真理无穷，进一寸有一寸的欢喜。"

你每往前进一寸，你的天空便有一片新的明朗，新的开阔。你会发现，你之前所有的咬牙坚持，不过就是等待着这一条新道路的开辟。

所以，怕什么迷茫未知，怕什么不知所措，不过是因为你还不够好，没有和世界叫板的底气。

当你敢于挺起胸膛，抬起头来，大步向前走的时候，你就能够发现，不管向左向右，抑或是向前向后，四面八方，条条皆通。

因为你足够好，所以每进一步，世界都会多给你一条退路。

22岁,他回学校读高中

□巫小诗

> 他说,很苦的时候总会感慨,如果有个贵人来帮一把就好了,可人生又不是电视剧,哪来那么多贵人?

高考那一年,我18岁,我的后桌22岁。没错,22岁。

他在四年前经历过一次高考,分数不太理想,便直接外出务工了。几年兜兜转转下来,他还是想圆自己一个大学梦,于是重回课堂,备战人生的第二次高考。

跟我们这群青春洋溢的高中生相比,在社会上摸爬滚打了好几年的他,显得有些沧桑,甚至比他实际年龄还要大,不知道的话,说他是任课老师都有人信。

刚开始,我跟他很少交流,虽然坐在他前桌,但对当时的我而言,他实在"太老了",老到我跟他没有共同语言。或者说,他的年龄,让我跟他多说一句话,都有妨碍一把年纪的他考大学的负罪感。

因为他不懂的题实在太多,他的同桌又是个学渣,于是成绩不错的我,渐渐在回答问题中跟他建立了友谊,也偶尔聊起他这几年的打工生活。

他在鞋厂里工作过,市面上的皮鞋,他看一眼就能知道质量如何;他在餐厅当过服务员,他让我少外出吃饭,因为餐厅后厨的卫生情况堪忧;他还做过很苦的体力活,最后没坚持下来,没拿到工钱就走了。

他说,很苦的时候总会感慨,如果有个贵人来帮一把就好了,可人生又不是电视剧,哪来那么多贵人?

他刚开始工作的时候,觉得这些年念的书完全都没用。工作久了,接触的人多了,才渐渐发现,念书没用只发生在念书少的人身上。

他在餐厅打工的时候,给写字楼送过外卖,办公区域的黑板上写着一些会议时留下的文字,明明是中文,他却完全看不懂。他望着那些衣着得体、谈笑风生的上班族，感到了自己和他们之间的鸿沟。

在皮鞋厂工作的时候，面对着自动机器上那一双双移动的皮鞋，他感觉自己也像是一台机器，今天知道明天怎么样，运转时知道报废掉时怎么样。那时候他想，如果时间可以重来，可以重回高中的课堂，他第一天就知道要怎么度过。

后来，他鼓起勇气，给自己攒够了读书的学费和生活费，毅然决然以22岁的"高龄"重返高三课堂。他想在落榜彻底成为遗憾之前，再给自己一次弥补的机会。这一次，他想救自己一把，当自己的贵人。

他读书的认真劲儿，被老师当作全班的学习楷模，他也在某种程度上，充当着"不好好念书的后果"给我们敲响警钟。

我想偷懒、想放松的时候，回头看一眼他，似乎又多了一丝不敢偷懒的动力，与其说他是榜样的力量，不如说是警钟长鸣的震慑。

他上课坐得笔直，晨读时声音洪亮，问问题积极，笔记写得也工整详细，态度简直像个听话的小学生，有时会觉得他有点儿好笑，笑过又会感慨他很励志。

晚自习我们走了，他还在位子上坐着，课间我们聊八卦、吃零食的时候，他也不会加入，他像一个快乐生活的绝缘体，虽然不合群，却不会让人讨厌。

不知不觉，6月的下课铃响了，高考结束，我们各自奔向自己的前程。说句发自内心的话，我对他考得好的期待，已经超过自己考得好的期待了，他太不容易了，我们都希望他能有个好结果。毕竟远离课堂好多年，毕竟底子不是非常扎实，那么用功的他，最后只被一所二本院校录取。

他自己还挺满意的，他说，有大学读就很幸福，就足够让几年前那个缝纫机旁的、洗碗池旁的他慷慨激昂了。

没读大学的遗憾，他已经在岁月里回过头来弥补，那道与办公楼里说着他听不懂的名词的上班族们之间的鸿沟，他也在靠自己的努力渐渐填平。

很多时候，谁都救不了你，只有你自己。你是酿成自己苦果的人，也可以是给自己熬制蜜糖的人。

不只是努力，而是要拼尽全力

□卢思浩

> 我无法接受自己坐在家里看着别人去了我想去的地方，做了我想做的事，我要做到，拼命做到，最后如果做不到，也没有什么可惜。

1

我曾经有过很多目标，比如要在家里布置个酒柜，比如要吃遍全国每个省份的特色小吃，比如26岁之前要去玻利维亚的天空之镜看一看。

我清晰地记得，在我的收藏夹里，有一篇关于玻利维亚盐沼的旅行指南，里面详细记录着怎么办签证，坐哪一班飞机，到了之后应该做什么。我无比兴奋，一边阅读一边写笔记，暗自发誓未来某一天一定要站在那里。

最后站在那里的人，是我的好朋友，不是我。

当然这多少能找些借口，比如忙碌，比如这种小资的生活需要大笔的金钱支撑。

但归根结底的理由只有一个，我并没有那么想去那个地方，或者说在后来的生活中，我很快就忘了。

我的很多向往，在我的日常生活中不知不觉就被遗忘了。

究其原因，是生活本身就太过琐碎，光是要好好生活就比想象中的更难，更别提那些向往了。

可多少会有些难过，在想起曾经那些向往的时候。

最难过的是，仔细盘算，经过这么些年的努力，我好像有余力做这些事。虽然后顾之忧很多，但想去的话，终究还是能去的。

我曾仔细想过我们努力的缘由。

我妈常说努力不一定有结果，这句话我无从反驳。成长过程中见过无数人，包括我自己，也早就明白努力不一定有结果这个道理。到后来，我们依旧会努力，但不会尽力，因为再也没有非做不可的事了。

其实道理很简单，那些我们骨子里向往的生活，如果没有，仿佛也不会死。我们中的大多数，并不存在那些非实现不可的梦想。我并不是说我们从来没有，否则我们连最开始的动力都没有，而是我们在切实的努力过后，潜意识里修正了我们的梦想。

比如说原本你对自己有一个标准，你必须做到100分，后来做到了80分好像也就足够了。那些你这辈子都没有去的地方，不去就不去；那些你原本非常想实现的成就，没实现就没实现。

换句话说，给自己找借口是一件再容易不过的事，而更多时候我们甚至都没有意识到我们找了借口。

我妈常跟我说，漂泊干吗，非要在外面才能过上好生活吗？你看我们在家，每天有朋友在身边，工作收入也稳定，买房买车结婚生子，这种生活不幸福吗？

他们说一个人的成熟，便是懂得将就，懂得屈伸，懂得妥协，像我这种愣头青早晚被撞得鼻青脸肿。

这些话都很有道理，我无法反驳，但总觉得生活本身应该远比这些丰富。

2

有一天晚上，我跟好朋友打了很久的电话。

那时我并不是一个能调节好自己情绪的人，加上跟好朋友很久不聊天，像是找到了一个情绪出口，跟他抱怨了很多生活的苦。等到我说完很久，他才说，你说的这些，在我听起来，真的不算什么。

他说："我到现在依然住在一个地下室里，每天起早贪黑，才勉强过上收支平衡的日子。你所谓的烦恼，在我看来不过是一种甜蜜的负担，你知道为什么是甜蜜的负担吗？你烦恼的一切都不是我烦恼的，因为在我看来那实在无从烦恼。没人跟你说话？那你试过一个人窝在家里为了一张图纸连续奋斗一天一夜的生活吗？"

"我也不觉得跟父母打电话报喜不报忧是一件怎么了不起的事情，这是应该的，其次你真的有多忧愁吗？只有能吃饱的人，才会烦恼每天中午吃什么；只有能去往远方的人，才会考虑什么时候请假。"

"你每天做的事情并不多，说到底的累也只是起早，如果起早的累都需要抱怨的话，那你让我们抱怨什么呢？拼尽全力的人才有资格抱怨，但拼尽全力的人从来不抱怨。"

我突然就明白了。

在最开始的时候，我有一个宏大的梦想或者志愿，因为年轻，所以有非实现不可的冲劲儿。也真的拼命过，但更多的时候是自己感动了自己。有几次我从公司下班，其实已经很晚了，我有一种在大城市漂泊的无助感，但仔细想来，之所以我下班这么晚，无非是因为我在工作的时候走神了。

因为常感动自己，觉得自己足够努力了，生活到达了一个层次之后上不去也下不来。我们常觉得生活是个圈，自己怎么努力都是这样了，或许从某种角度来说，其实是我们自己没有跳出这个圈。

或许举个例子更为清晰一些。在我们的学生时代，会有那么几个时刻懈怠学习，又在临近考试前拼命补课。临阵磨枪，居然还能得到还过得去的成绩。可在我们最开始的时候，想要的是一个更好的成绩，而最后的我们，却因为最后几天连续熬了几次夜，得到了一个相对可以的成绩，便沾沾自喜。

久而久之，变成了一种心理暗示。

我努力了，得到了一个还可以的结果，嗯，很好。

我努力了，得到了一个无法接受的结果，于是抱怨。

3

我们自己扼杀了自己的可能性。

并不是说每一个可能性都能成真，但大多时候我们只是尝试了，转而放弃了。没有那么多非做不可的事，即便是嘴上嚷着要实现梦想要自由的人，也并没有真的付出那么多。

想写出鸿篇巨著的人，往往自己都没有读过几本书；想要在社会上出人头地的年轻人，往往遇到一点小事便放弃了。人们看到美丽的风景说要去，可从来没有真的为此准备过。又或者说我们都向往成为有力量的人，成为那种走路带风发光般的存在，我们在最开始都有一个内心的向往，一个很高的标准，但在遭遇一两个困难时，便放弃了。

我常因为一些故事热泪盈眶。

故事的主人公是那么热血那么努力，不只是努力，而是拼尽全力。而能看到结局的我，大多知道很多事情都是徒劳，可即便是知道结局的我，依然感动。

在我四处奔波的那段时间，我到了贵州。

想一个人去贵州的大山里走走，路途中遇到了一所破旧的小学。我无法相信这是一所小学，破旧的窗、破旧的门，无法正常工作的灯，只是操场上的旗杆和损坏的篮球架提醒着我，这是一所学校。

我没有打扰他们的生活，我只是路过，有天傍晚经过，看到很多孩子依然在学习。因为好奇，我从一个老师口中得知，他们都是在这里寄宿的孩子，家太远回不去，其实没有作业也没有布置功课，就是他们自己想学习。

我既心酸又替他们开心。

这种复杂的情绪我当时没有明白，后来才知道那是一种纯天然的感染力。学习本身让他们这么快乐，而我在很长的一段时间内都没有找到过学习的快乐了。

后来我真的开始拼尽全力。

我提醒自己我还有要去的地方，我不能停留在这里。或许终有一天要将就，要放弃，要妥协，我依然要往前走。

我无法接受自己坐在家里看着别人去了我想去的地方，做了我想做的事，我要做到，拼命做到，最后如果做不到，也没有什么可惜。

很多人都跟我说，几年之后你就不这么想了，没那么多非做不可的事，没那么多非你不可的人。可我觉得这只是大家立场不同，而不是高低之分。

当然我并不是说拼尽全力就会有成果，只不过拼尽全力之后，我们才能够接受结果。很多让我觉得遗憾的时刻，大都是因为我没有真的拼尽全力，所以在内心还有一种再来一次我就能做得更好的遗憾。

我不想很多年后，坐在家中的我，想着如果当初拼尽全力就好了。从现在起，不要满足于还可以，而是要追寻自己所向往的。

4

想做的事情不要总说：明天开始，这样的"坚持"往往到明年今日都不会发生。

你说要考研，那就从每天背几十个单词开始；你说要护肤，那就每天不管再累再晚都要坚持。

坚持这件事，从来都不是嘴上说说就可以把自己变得更好，变成一个更好的人。

为什么有人跑完步必须发朋友圈

□土摩托

> 我们每个人内心里都会对自己有个评价，这个"人设"往往是通过个人行为来强化的。

人类自诩为理性动物，但很多时候情感却占了上风。比如眼前的这块奶油蛋糕，理智明明告诉你它没啥营养而且热量很高，吃了对身体没好处，可你总是控制不住自己。

负责解释一切的心理学家们把这种现象称之为自控力缺失。准确地说，就是当你知道某种行为能够带来长远而又持久的好处时，却屈服于某个只能带来即时快感的行为。

为什么会这样呢？神经生物学家们认为这是人脑的高级部位和低级部位相互博弈的结果。所谓低级部位，指的是负责控制食欲、性欲等基本生理需求的那部分脑组织。这个部分进化得早，功能强大，几乎不需要人类意识的参与就能把事儿办了。

所谓高级部位，指的是人脑中负责接收外部信息，经过处理后再输出相应指令的那个部分。人脑中负责这部分功能的组织位于前额叶，我们的记忆力、洞察力、决断力和逻辑分析能力等这些"高级"的能力都是由前额叶皮质负责的，这是我们的理性中枢。

虽然这部分脑组织进化得晚，但通常情况下我们的大部分行为都是由这个理性中枢来控制的。不过，每当我们遇到危险，或者某个基础需求急需得到满足的时候，大脑的低级部位就会分泌出大量激素，比如肾上腺素或者多巴胺等，试图夺回控制权。如果我们的前额叶皮质实力不够强大的话，其结果就是大家耳熟能详的"情感战胜了理智"。

这个道理不难理解，但我们能否使用某种手段来帮助前额叶皮质重新夺回控制权呢？哈佛大学人类行为学家弗朗西斯卡·吉诺博士相信这是可能的。她的研究专长是Ritual，这个词不太好翻译，奥运冠军升国旗奏国歌的颁奖仪式可以称为Ritual，纳达尔发球前的那一连串固定的小动作也可称之为Ritual，甚至你每次跑完步立刻把路线和成绩截图发朋友圈的行为也可以被叫作Ritual。

科学地说，Ritual指的是一套带有某种仪式感的程序性行为。它们看上去似乎没有任何用处，有些甚至显得很傻，但吉诺博士的研究表明，这种程序性行为用处很多，比如可以帮助我们消除紧张感，增加自信心，不信的话你可以去问问纳达尔。

为了研究Rituals对增强自控力的作用，吉诺博士招募了一群正准备减肥的女大学生，将她们随机分成两组，一组只是告诫她们要控制饮食，另一组则要求她们每次吃饭前都要做这么三件事：一、把食物切成小块；二、把盘子里的食物分成左右相等的两部分；三、手握刀叉在食物上按三下。

这项研究一共进行了5天，研究人员统计了女大学生们每天吃下去的食物，惊讶地发现吃饭前先做三件事的那组大学生平均每天要比对照组少摄入200多大卡的热量。换句话说，这个看似无聊的简单Ritual以某种神秘的方式增强了志愿者的自控力。

吉诺博士又设计了另一项实验，结果证明一套简单的Ritual能够让志愿者更多地选择健康的胡萝卜而不是高热量的巧克力糖。

吉诺博士将研究结果写成论文，发表在2018年6月出版的《个人与社会行为学》杂志上。吉诺认为，我们每个人内心里都会对自己有个评价，这个"人设"往往是通过个人行为来强化的。给灾区捐款或者给老人让座之所以会让自己感觉好，就是因为这个行为强化了我们的"人设"，让我们更加相信自己是个好人。Rituals的作用就是强迫我们做一组毫无意义的程序性动作，让我们相信自己是一个自控能力很强的人。事实证明这个暗示对我们很有帮助，能够促使我们选择最理智的行为。

有意思的是，5天的实验结束后，志愿者们都觉得这个Ritual没啥用，研究结束后自己是不会继续做下去的。吉诺博士认为这种现象说明Rituals必须是需要一定程度的努力才能完成的一组动作，只有这样才有效。如果某个Ritual简单到成为一种无意识的小习惯，结果很可能适得其反。

知识付费，是给懒惰充值

□曹吉利

> 知识付费的大热，建立在当代人尤其是都市人普遍的焦虑上。

2017年最火的东西之一，无疑是知识付费。

"这个世界，正在残酷惩罚不改变的人。"当你挤在沙丁鱼罐头一般的地铁车厢中，猛然瞥见明亮的灯箱上印着这句广告语，刚刚还垂头丧气的你马上来了精神：为什么诸事不顺？就是缺乏学习！

不过嘛，你每天辛苦加班，时间不多，精力也有限，只好先花钱。挣扎着在人群中掏出手机，花199块买一个知识付费课程《如何三年做到财富自由》，心里瞬间踏实不少。打从买下知识付费课程的那一刻起，我们就觉得拥有了它。

如果将全国买了却没听的网络课程累加起来，恐怕会是一个惊人的数字。

买网络课程的目的，无非也是想为生活求一个答案。把这种内心活动细分，大致有这么几类。

首先是内心惶恐。坐在5A级写字楼里，每天都有不懂的词汇塞进耳朵。新风口都来了，你还没有弄懂它的基本概念，怎么做一头站在风口上的猪？于是焦急点开APP，发现各位导师就像盘丝洞里的美女，一个个笑眯眯地冲你招手。他们西装平整，镜片锃亮，眼神睿智，表情自信，双手环胸的封面分明在告诉你："来吧，包你成功，包你加薪，包你发财。"

其次是望子成龙。家长们都盼着孩子的起点高一些，比别的孩子跑得再快一些，于是对《国学经典诵读》《学习是从小养成的习惯》等课程趋之若鹜。本质上，这和小时候父母节衣缩食给我们买的一摞摞学英语的光碟一样，与其说是让孩子快人一步，不如说是父母自己花钱买的心理平衡。

还有一种是希望一劳永逸地学会成功法门，比如《七天摆脱不自信》《咪蒙教你月薪五万》等课程就声称要教给听众一个放之四海而皆准的方法，无效还承诺退钱。这种理论先于实践的课程，倒是与机场书店里的成功学类书籍一脉相承。

就这样，知识付费的蛋糕越做越大，网络平台一窝蜂开辟付费课程版块，各路网红也纷纷抄起教鞭参战。

知识付费的大热，建立在当代人尤其是都市人普遍的焦虑上。历史学家范文澜说过："板凳要坐十年冷，文章不写半句空。"这也是我们过去在学校里接受的正确学习态度——持续地投入时间和精力，功到自然成。但上班族的时间都被打碎了，这个需要大量连续时间的学习方法显然太奢侈。那有没有花几天工夫就能收到效果的学习？"有！"导师们拍着胸脯保证。

可惜，世界上哪有那么多干货可以轻松获取？很多线上课程不像是教学授课，倒像是迎合用户的心理需求。导师的每句话都那么贴切、那么受用、那么治愈，但仔细一想，这和星座性格测试题差不多：每段话看起来都很有道理，最后说了和没说一样。

众所周知，线上讲师背后都有专业团队在运作。就算罗振宇有五双手、八只眼，也没法短时间读完那么多书。购买课程的人，无非是雇一帮人为自己读书，再让最面熟的那个人作为"导师"在屏幕前讲出来。知识付费，实质上是花钱请别人代你读书。网上课程并非没有精品，在罗振宇主持的知识付费平台上，就有一堂50位导师开设的"名家大课"，阵容比国内任何一所大学的哲学系都要强大。

这样的课程自然是凤毛麟角，把知识付费当大学课程来学的人，也是少数。据工信部互动媒体产业联盟数字文化工作组组长包冉透露，目前知识付费产品的平均到课率仅为7%。93%的用户并不是为知识付费，而是给自己的懒惰充值，越购买知识课程，越疏于读书求知。

在所谓的知识付费时代，"知识"越来越像是一种快时尚商品，有的还是高端奢侈品。不过人们把它们买下来后，却没有像买的包包一样拿出来常用，这究竟是知识的悲哀，还是知识买家们的悲哀。

什么都不信，可能是见识太少

□祝小兔

> 从轻易相信到凡事质疑，里面包含着理性之光；而从凡事不信到再次愿意相信，背后则是见识和格局的变化。

给朋友讲一个感人的故事，最糟的结局，并不是他没能产生共鸣，而是他根本就不信。人总会有心理预期，判断的结果仿佛总早于事实的发生，他们大多选择自己愿意相信的。我问过好几个朋友，什么时候相信有艺术存在这回事？

有一个朋友告诉我，当他走进意大利乌菲兹美术馆，在拥挤的人群中努力探出脑袋，亲眼见到波提切利最重要的作品《维纳斯的诞生》的那一刻，他相信了世上真的有艺术这回事，真的有那么一幅作品，美得让你心颤。在这之前，他怀疑艺术是大家构建的谎言，是附庸风雅的惺惺作态。

小时候最容易相信别人，但很快就会被教育：轻易信任是一种很不理智的行为，是一种单纯、幼稚、没有见识的行为。有了一点经历后，我发现，在越来越难以相信的成人世界，见识越多的人反倒越容易相信。

见识多的人，因为时常走出自己的小世界，知道这世上有那么多与自己不同的人和生活，有无数多彩的人生和绚丽的梦想。于是，他们不轻易做判断下定论，不把"怎么可能"挂在嘴边。

现在的世界，要让人相信，真的是一件很难的事情。我也是在走出原来的小世界后，遇到了那么多有趣的人，才知道世上还有那么多无功利心的人。讲究实用只是生活态度的一种，还有许多态度可归为无用，却同样动人。我把所见讲给以前的朋友，常被他们批评太天真。我把他们的故事写下来，也有人会质疑其真实性，猜测这背后的驱动力。

人们只愿相信跟自己的价值观相同的人，而把其他人看作虚伪；人们只会看到自己能到达的地方，而把不可抵达的远方想象成危险丛生；甚至，只愿相信一颗有用的心才是负责任的心，而把一切看似无用的情怀当作矫情。

从轻易相信到凡事质疑，里面包含着理性之光；而从凡事不信到再次愿意相信，背后则是见识和格局的变化。

小时候读辛波丝卡的诗，觉得无比浪漫。"他们彼此深信：是瞬间迸发的热情让他们相遇。"之所以觉得浪漫，是因为他们相信偶然，相信邂逅。

如果听过黄昏时酒瓶在街角碰撞的声音，闻过夜晚茉莉的香气，见过晨光里涓涓细流漫过大理石时的闪光，尝过新鲜的果子，扶过宏伟桥梁的栏杆，眺望过教堂的尖顶被天空衬得低矮，你就会幸运地明白，所谓的好生活，是深入这个世界的一点一滴。

卡夫卡说："信仰是什么？相信一切事和一切时刻的合理的内在联系，相信生活作为整体将永远继续下去，相信最近的东西和最远的东西。"

我理解的最近的东西，就是你眼前真实的情感，最远的东西就是志存高远。那么，信与不信有那么重要吗？也许并没有。但是只有我们相信的东西，才有可能反过来选中我们。

我不想轻易说不信，因为很有可能是自己见识太少。

理性与智慧并不代表质疑一切，眼界会让我们变得更加慈悲和开阔。人生路越走越窄，有时不是因为我们不够聪明，而是因为不再相信。

唐帅：中国唯一的"手语律师"

□木 子

> "我所要做的，就是尽力将案件正本清源，不放过一个坏人，也要还好人一个公道。"

2018年4月3日深夜，有人转给唐帅一个视频，一名聋哑人对着镜头称：对不起，朋友们，我要自杀了。作为中国唯一的手语律师，唐帅立即把视频转到上百个聋人群，发动大家一起寻找此人。11分钟后，这名来自内蒙古的聋哑人被找到，并获救。全国有2000万聋哑人群体，这意味着，每65张面孔中就有一个聋哑人。但唐帅说："借助手机，我有办法在全国找出任何一个聋哑人，或与之相关的人员。"在庞大的无声世界，这位80后每周都在上演正义之战。

来自聋哑家庭，背着父亲学手语

80后青年唐帅出生在重庆市一个特殊家庭，双亲都是聋哑人，父母工作的福利工厂到处都是聋人职工。可唐帅仍感觉，他们就像聚居在这个国家的"外国人"一样。

父亲给他取名唐帅，有望子成"元帅"之意，期望他出人头地，跳出聋人圈子。唐帅从小被送到外婆家，只为更好地学习健全人的语言。即便回家后，父亲也极力反对他学手语。在父亲看来，儿子融入健全人社会就够了，哪怕和自己零沟通。

但外婆却告诉他："不学手语，父母老了，你怎么带他们去看病？"唐帅从小就偷偷学起了手语，他的愿望是"将来多帮助像我父母一样的聋哑人"。

长大后，唐帅没能如父亲所愿离开聋人的圈子。大学刚毕业，他就考取了手语翻译证书，给重庆市九龙坡区公安局做起了手语翻译。

其间，唐帅接触了大量聋哑人犯罪嫌疑人，他们往往生活在社会底层，大部分不识字，有的甚至连手语都不会。抓到这样的嫌疑人后，公安部门常常束手无策。

唐帅至今忘不了一个19岁的广西男孩。他父母在新疆摘棉花，从小没人管，没上过学，也不会手语。在村庄里，男孩就像野草一样孤独生长。饿得不行时，为了偷一小袋米，他杀死了一位老太太。

公安部门无法审讯男孩，于是请唐帅过去协助。在高墙电网笼罩下的看守所，他和男孩同吃同住。怕男孩攻击，矿泉水瓶的盖子全被卸了，吃饭没筷子，靠手抓。僵持两天后，男孩崩溃了。不会说话、不会手语的他，用最简单的肢体动作，"重演"了一遍犯罪过程。

末了，男孩闭上眼，握拳伸出双手，做了一个等着被铐走的动作。唐帅突然眼泪下来了，"一点不是演戏"。他低头感叹，流泪不是给自己庆功，而是作为一个生活在那么封闭环境中的聋人，从来没人教导，也没人抚慰，但他懂得了认罪受罚。

唐帅曾遇到一个被拐骗进团伙的女孩，她因频繁盗窃被抓。

由于女孩未满16岁，检察机关同意不予逮捕，并且派人开车送她回老家。唐帅一行人买了米、面、油，还准备了1000元慰问金，"以为女孩的家人会满怀欣喜和感动"。

"你们把她送回来干什么？你们养她，给她找工作吗？"见到他们后，女孩的外婆劈头盖脸地问。唐帅很震惊，"婆婆，她出去偷这件事，你知道吗？"女孩的外婆反问，"不偷她吃什么啊？"

根据公安部门的消息，几天后，女孩又坐车离开了老家。

"我们正常人的社会，对他们有不可推卸的责任。"唐帅蹙眉说。

从翻译到律师，无声世界的"正义使者"

在公安局担任了6年手语翻译，唐帅熟练地运用手语参与讯问取证，成功地协助单位破获了上千件有关聋哑人的疑难案件。

然而，唐帅也在工作中发现了司法手语翻译的一些短板：多数手语翻译人员毕业于专业学校，他们学的是普通话手语，面对聋哑人使用方言手语的情况，往往无法真正传达其意思；手语翻译人员基本都是非法律专业出身，对某些专业的法律术语不了解，在案件翻译工作中可能出现词不达意的现象，从而影响判决的公正性。

比如，一位老奶奶曾找到唐帅，她女儿因涉嫌偷盗一部苹果手机被捕。在通过手语翻译完成的笔录中，女儿已经招供，但她告诉母亲自己压根儿没偷。唐帅调取审讯录像才发现，嫌疑人坚称"没偷"，手语翻译却翻译成"偷了一部金色的苹果手机"。

唐帅发现，没人对手语翻译的工作进行审核，还有许多翻译是教师出身，根本看不太明白聋哑人的"自然手语"，双方的交流变成了"鸡同鸭讲"，翻译只能连蒙带猜地揣摩聋哑嫌疑人的意思。

基于以上种种，唐帅决定结合自己的手语优势和法律知识，去填补国内没有"手语律师"的空白，专门为聋哑人提供法律服务。于是，2012年他开始努力准备司法考试，并以400分的好成绩达成了心愿。

转换角色后的唐帅，曾为一个聋哑男人辩护。他在公交车上偷了一个老太太的钱，整整两万块现金，这是老太太取出的养老钱，准备给孙子看病用。

开庭时，唐帅看见庭下密密麻麻地坐着老人的家属，大家悲愤难平，有人指着他大骂，"这种人渣，你为什么要替他辩护？"

唐帅从辩护席上站起，请求法官允许他讲一个故事：这个聋人拿偷来的钱做了什么？他去给一个好友的遗孤交了学费。孩子的父母也是聋哑人，在一次自然灾害中去世，这个聋人自己也没钱，却还想着帮好友的孩子。

"好人与坏人没有绝对的区分。"唐帅坚信，替这些听不见、说不出的聋人辩护，是在维护他们应有的权利。成为手语律师以来，唐帅一直忙碌在聋哑人司法工作最前沿，每年处理相关案件数百件。"我所要做的，就是尽力将案件正本清源，不放过一个坏人，也要还好人一个公道。"唐帅说。

成为人大代表，不愿做中国的"唯一"

连续多年来，唐帅都是在办公室里过的除夕，平均每周就要接两三起与聋哑人相关的案子。

2017年3月，唐帅的微信更是在一夜之间"差点爆掉"。一条条好友请求飞快弹出，淹没了手机屏幕。很快，他的好友数量达到5000人的上限。申请扩容后，这个数量又急剧上升到1万人上限。

让唐帅出名的是一则不长的宣传视频，由重庆市大渡口区委政法委发布。在片子里，这个头发自来卷、戴着框架眼镜的80后，被介绍为"中国唯一一个手语律师"。

那些急切向唐帅涌来的陌生人，来自不同地区。他们没有言语，没有声音，只有夸张的动作和表情。在随时可能响起的视频通话中，他们蹙着眉、噘着嘴，打着手势，向唐帅抛出一个个"小儿科"问题：怎样办结婚手续？律师和法官有啥区别？在家被打了怎么离婚？

超过200个聋人在微信上找唐帅"报案"。有人被骗了钱，有人被打伤，有人被家暴，有人被拐卖嫁到东北。还有聋人坐了几个小时大巴，从四川赶来重庆，唐帅一问，他们长期被一个聋人团伙勒索，也要"报案"。

"你们报案要找警察呀，不是找我！"唐帅有些哭笑不得。四川那几个聋人说，去过警察局，人家看不懂手势，他们又不会写字，只好灰头土脸地离开。

对唐帅来说，这几个月仿佛"噩梦"。每天醒来，他要做的第一件事，就是消灭微信上密集的"小红点"。办公桌上一本本卷宗堆成小山，他却没法埋头置身其中，手机每隔几分钟就会嘀嘀响起，凌晨两三点也照响不误。唐帅不得不在朋友圈广而告之："如果事情不是很急最好发文字，毕竟上万人每个都视频，我确实受不了，时间也不够！"

但他又没法晚上关机。一天，有人半夜转给他一则视频，一个聋人对着镜头宣布：对不起，聋人朋友们，我要自杀了。唐帅急得团团转，他把视频转到上百个聋人群，11分钟后，这个来自内蒙古的聋人被找到。

"要在全国找一个聋哑人，就凭我一部手机，基本上就能找到相关的人。"唐帅苦笑着说。全国有2000万聋哑人群体，这意味着每65张面孔中，就有一个聋哑人。难以想象的是，当这个庞大的群体遇到法律问题，能无障碍沟通的律师，却寥寥无几。

唐帅有一种"孤军奋战"的感觉，因为长期向聋哑人普法、帮助他们维权，他被评为"重庆好人"，但他对塑造好人形象并不感冒。他更着急的是，全国2000万聋哑人，有相当一部分人身处远离法治社会的荒漠中。

在2018年的重庆市人民代表大会上，作为大渡口区人大代表的唐帅，在议案中提出成立一个独立的手语翻译协会，对涉及聋哑人的司法审讯录像进行鉴定，不让手语翻译成为"事实上的裁决者"。同时，该协会还能对手语翻译进行培训，让他们学习法律、医学等专业术语，制定翻译规范。然而，这份凝结了唐帅多年调研经验、言辞激烈的议案，激起的反响并不那么大，一切正如他的预期。

作为律所主任，唐帅请来专业教师，每天给所里的律师上手语课。但培训了一两个月，收效甚微。他又换了个思路，招来5个聋哑人大学生。如今，他们成了唐帅的助理，能给聋哑人解答简单的法律问题。

近两年，唐帅逐渐将重心从为聋哑人代理案子转移到普法上。他连续多年担任区残联的法律顾问，一年工资不及接一个普通案件的报酬。他每月给区里数百个聋哑人开讲座，告诉他们最基础的法律常识，包括什么是犯罪。

为了扩大覆盖面，唐帅又鼓捣起了APP和微信公众号，他要求自己律所的所有律师都注册使用，免费在上面给聋哑人提供法律咨询。

做这些普法工作，几乎占用了唐帅的所有业余时间。有时候，他感到难以为继，"年轻人有的活动，自己几乎都没有"。唐帅近两年的收入也都砸在这些"副业"上，车早就旧了，他也舍不得换。但唐帅坚信，只要继续向聋哑人普法，他们的法律需求就会日益浮现，最终就能得到社会的重视。在为无声世界的人们争取权益的漫长道路上，这位中国唯一的手语律师，更希望自己能不再是"唯一"！

成功学大师鲁滨孙

□ 闫 晗

> 凡是我深思熟虑的东西,一旦付诸实施,我极少放弃。

《鲁滨孙漂流记》的主人公鲁滨孙是个了不起的人,放在现在,那些传奇经历足以将他包装成为成功学大师,讲授"如何由一无所有到实现财务自由"。

鲁滨孙在接受了自己流落荒岛的现实之后,思考了自己所处的条件和环境,一切归零,开始了人生的重新规划。

首先,鲁滨孙用借方和贷方的记账方式做记录,类似于现代企业里的SWOT(态势)分析。坏处:我被抛弃在荒岛,没有获救希望。这里没人可以交流,我没有衣服,没有抵御猛兽的手段。好处:我还活着。这里可以找到食物,没有伤人的野兽,热带不需要衣服,而且我从大船上获得了充足的生活必需品。

接下来,鲁滨孙积极地开始了忙碌的海岛生活,来满足马斯洛需求层次中最基本的生理和安全的需要。他搭建房屋、寻找食物、制造家具和生活必需品,创造是让人愉悦的。填饱肚子是第一需要,但高瞻远瞩的鲁滨孙更注重安全,采取了人类能想到的所有防范措施。岛上只有他一个人,他却担心被偷袭,随时带着猎枪,还在住所外着手筑围墙,并在墙外紧贴墙体垒起一层草皮——如果有人登陆,绝不会看出这里有人类居住。而这些设计后来居然真的都发挥了作用,让他有机会抓到野人"星期五"当他的仆人,还拯救了一个被反叛手下放逐的船长,获得回到英国的机会。

在食物方面,鲁滨孙做了精细打算,在特别需要增强意志的时刻才喝一小口朗姆酒,因为知道喝完就没了。当储备的面食不多时,他把每天的定量减少到一块饼干。猎到山羊和海龟后,他给自己规划了一日三餐:早餐吃一串葡萄干,正餐吃一块烤山羊肉或海龟肉,晚餐吃两三个海龟蛋。所有健身减肥人士都应该向他学习。

每当雨季来临,鲁滨孙会储备足够的食物,待在家里做编筐子、烧陶罐这样耗时间的精细活儿。工作间隙,还要不时地跟鹦鹉说几句话,作为生活的调剂。工具做好了,会说话的鹦鹉也带给他许多精神上的安慰。

在海岛上生存了几年之后,鲁滨孙把时间统筹规划得更为科学合理,日常是开垦荒地种植粮食,圈养驯化野山羊,种植葡萄,收获到足够的粮食、鲜肉、鲜奶、葡萄干让他足以在海岛继续生活一辈子。可回归大陆是他的终极目标,他积极自救,尝试着造船,每天记录日期,写日记,延续着文明社会的习惯,知道自己在海岛上过了多久,时刻准备着重新进入文明社会。

当初他把搁浅大船上所有能拆卸的东西全拆了下来,因为觉得不定什么时候会派上用场。即使有些东西例如货币在荒岛上毫无用处,不比一把勺子更让人兴奋,他还是把它们收起来,等到离岛那一刻又都打包带走。

鲁滨孙有句对自己的评价:凡是我深思熟虑的东西,一旦付诸实施,我极少放弃。他的经历非常励志,做事如此周全,但是最让人羡慕的,还是他的好运气,在巴西的合伙人把种植园经营得很好,鲁滨孙刚一回归都市生活,就分得一大笔收入,成了有钱人。

赚钱大计

□林一芙

> 10岁那年，我涨红着脸，开始第一次独自面对一个遥不可及的梦想。

我第一次鼓起勇气吃臭豆腐，是在晋安河的桥头。晋安河是贯穿福州晋安区和鼓楼区的一条内河。我吃臭豆腐的那年是2004年，当时，还没整治过的晋安河比臭豆腐还臭。

我和二维就站在夏天的桥头，就着从晋安河吹来的臭风，吃5毛钱两块的臭豆腐。她吃完了就把一次性塑料杯往老板面前一摆："把汤加满，辣子要两满勺，香菜我自己来加。"

然后她摸摸裤兜，掏出一块钱甩在卖臭豆腐的小推车上，指着我说："连她的那份一块儿付了。"

我目瞪口呆，瞬间视她如救世女英雄，敬仰之情如同滔滔江水。

回家的路上，我极尽阿谀奉承之能事。古有"不为五斗米折腰"，而年少的我并无此英雄气概，区区两块臭豆腐就已让我折腰跪地。

后来的事证明，这折腰跪地之举并不是无用功。就在那天，我从二维那儿收获了我人生中第一本"赚钱宝典"。

她给我算了一笔账：捡1个易拉罐卖到废品收购站可以赚1毛钱，捡1个塑料瓶可以赚5分钱，只要每天能捡5个易拉罐或是10个塑料瓶，就可以换1份臭豆腐。

二维说起这些事的时候有些得意忘形，斜眼看着我说："项瑶，要不是看你这么'忠诚'，我也不会把这事告诉你。我在乡下的时候也捡易拉罐，但是没有城里多，我第一次到学校扒垃圾桶的时候都惊呆了，没想到城里人都不怕被这些花花绿绿的东西喝死。"

"啥花花绿绿的东西啊?那是饮料!"我在心里反驳着,但没说出声,暗喜着终于找到了赚钱的门道。第二天到学校,我找到王一和阿彬,兴奋地宣布了这一重大的决定。

"我要开始赚钱了。"

"你要钱做什么?"阿彬不解。

"买礼物。"

"给谁?"

"我妈。"

阿彬眨巴着的大眼睛突然闪闪发光。

"那我也要,买给我爸。"阿彬说。

"你们都去,我也去。"我们之中最文静的王一,声如蚊蚋般插了进来。

我们没有一分钱,却仿佛突然从天而降了几百万元一般兴奋:"我们要开始赚钱了!"

10岁那年,我涨红着脸,开始第一次独自面对一个遥不可及的梦想。那时的我大概会嘲笑十几年后的自己——她居然抱着成摞的手稿,因为无法鼓足勇气,徘徊于无数剧组筹备处的门前。

所谓年少的莽撞与冲动,大概就是:那一天,只因为突然抓住了一根稻草,就想顺流游至湖心,采撷最美的浮萍给挚爱的人。

只因为那根稻草,就敢做一场无边的美梦。

我那严谨的德国小伙伴们

□ 郑蕴奥

> 好玩,大概在一般人的印象里,很难将这个词与"严谨"联系在一起。

密密麻麻的公交时刻表;各式各样的锅碗瓢盆刀;随意打开一份报纸,满眼大大小小的数据图例;站在超市里,货架上的商品都披着专业机构测评分数,一身硬气。

刚来德国时,处处彰显的严谨、量化思维,仿佛一座巨大的镶着金边的玻璃展柜,让我惊叹不已。如今在德留学逾三年,对这里的一切渐渐习以为常,对我而言,德国人的严谨好似公交车上的拉环,平日里晃晃荡荡,也不起眼,然而一个急转弯,猛地一下抓住,倒也是个让人足够安心的存在。

法学生室友G

"中国没有所谓'零楼'的,负一层上面就是地上一层了。"

"那零不就没有了,'负一'和'一'之间怎么能没有'零'呢?"

这是我和室友G的一段经典对话。

G室友来自斯图加特——奔驰、保时捷和博世的故乡,就读法学专业。在环境的熏陶下,时年21岁的他用"严谨"打开了我了解德国人的第一扇窗。

初来乍到,常常遇到生词。当我向他请教一些日常流行语的用法时,他会相当精准地给出一串字典式的定义,让我恨不得拿笔记下来。比如"geil"这个词,大概相当于汉语中的"棒"或者已故流行语"给力",德国年轻人使用这个词的频率相当高。

靠着语境,我已经理解得八九不离十了,但是秉承着精益求精的精神,我还是向G室友讨教了。他先用书面语解释了一番,大抵意思如下:"本词属于流行俚语，用于表达惊叹、赞美，形容非常好，或者说某一事物很高程度地符合说话人的心意；还有一个意思，便是形容人性感，外表有吸引力，然多为贬义。"

我还在充满钦佩地咀嚼这长长的定义，那边的G并未罢休。作为熟读无数法律条文，背诵一字不许偏差的学霸，他又上网搜索了这个词的词典解释，了解到这个词在植物学中还有"生长繁茂"，甚至"施肥过度"之义。于是"geil"这个词，我是再也不会忘记了。

G室友的另一次表现，也让我印象深刻。那次我买了张海报往墙上贴，贴完后不能确定是不是方正的。正好他从门外经过，我便喊他进来帮我看看。他进屋后，步子时远时近，一番打量，却始终默不作声。一个转身，他回屋抄了把卷尺，我顿时心里一沉，默念一句"geil"！

待他量完海报边与房梁、墙边的距离，获得铁一般的数据后，才轻吐一句："你看，歪了。"于是乎一通调整，总算挂得主观和客观意义上都正了。

然而谁知夜里海报竟轰然掉下，那一刻惊醒的我心里又一沉。第二天，我正打算就着墙上的铅笔记号张贴，他又来了，告诉我这种胶带贴不住，他有专门的墙面贴。仿佛哆啦A梦般，他回屋拿来了专业的墙面贴以及一个电子秤。是的，胶带每只承重200克，他必须测量海报的重量并结合墙面的光滑程度以确定需要几个墙面贴。

结果就是，到现在这张海报还在墙上贴得稳稳正正的。

S君的"面包小作坊"

看到上面，诸君或许会想，这不过是个极端案例。那么接下来我要介绍一下另一位室友——来自汉堡的S。S室友家境优渥，一直崇尚绿色健康的生活。和G君一起，他们俩"经营"着一家不对外开放、唯一顾客就是老板的"无证面包小作坊"。

德国人爱吃面包是出了名的，面包对于他们就像意面之于意大利人、法棍之于法国人、汤之于广东人一样。对于如此重要的主食，崇尚有机健康的S君某日心生一计：自己动手，丰衣足食。而且他要烤的不是普通面包，而是无面粉、无泡打粉、无添加、百分百全谷物有机面包。连酵母也要自己在冰箱养，于是我们的厨房里从此住进了一个新宠物：天然酵母。

小作坊每周按需开炉两到三次。从第一次烤制以来，S君始终坚持在一个本子上记录烤制数据和成果，包括各种谷物的用量，研磨精细度，发酵时间，烤箱温度，烤制时长以及成品的具体颜色、口感、湿润度等，不厌其烦，颇有做大做强的架势。

这一番动静引来了G君。他对面包外形颇为讲究，所以实验报告上从此多了新的一栏：平整度。这两位都不是理工科学生，却着实把我们的厨房变成了实验室。终于，一次次的尝试、失败和改进后，他们成功研发出了完美的"三无面包"。

曾经有一次，他们比例计算失误，面包发硬掉屑，我"被迫"品尝失败的苦果。我问了句："你们俩为什么不买台全自动面包机？""那就不好玩了呀！"两人异口同声道。

好玩，大概在一般人的印象里，很难将这个词与"严谨"联系在一起。然而在这德国哥俩的眼中，花费大量时间和精力追求细节竟是一桩充满乐趣的事情。很难说是严谨的德国人被条条框框所禁锢钳制，还是他们在掌控着细节，感受"万事到位"的快意。至少在这件事上，严谨带来的掌控感赋予了他们无限乐趣。

好友T与葱油拌面

好友T是个爱做菜的德国施瓦本女孩，遇到我这个中华料理小当家，自是常常切磋。

有一回我给她做了葱油拌面。做过这道菜的人都知道，它的配料非常简单：细面、鲜葱、白糖、生抽、老抽，当然还有大量的油。当一个德国人想要复制一道只吃过一次的中国菜时，会出现什么情况呢？面对眼前的几个"少许""适量"字眼儿，我知道，接下来的一段日子大概会常常吃到葱油拌面了。

果然，我先是陪她去亚洲超市买了生抽、老抽，她详细地询问了两者的用途与区别，又记录下各种配料的配比以及葱段炸制的时间。那段日子，我一次次帮她尝味、看颜色，到后来我都快忘了正宗的葱油拌面是什么味道了。一个月过去，我被认真好学的T喂胖了三斤。

当然，T也并不总是那么"轴"。当她自己做朴实的施瓦本家常菜时，也总是凭感觉放作料，只有当我们一起做中国菜时，她才会问"豆腐要切多大，两厘米还是三厘米"或者"要放几汤匙酱油"之类的问题。大概对于前者，她有足够的记忆储备以供调用，而做中国菜时，她的那份认真和执着更多是对菜品和我的双重尊重吧。

家庭主妇W夫人

还有一位女士，也给我留下了深刻印象，这里必须用点笔墨向诸位介绍一下。这位女士姓W，是一位友人的母亲。常听这位朋友说起，她的妈妈是多么注重细节，有时甚至认真到让她不耐烦。终于，去年夏天我去她家做客，有幸见识了这位严谨妈妈。

他们家住在巴伐利亚州一个叫"爱神溪"的风景如画的小镇。我们到时，W夫人已在小屋门前等候了。初次见面，只觉对方平平无奇、亲切友好罢了，但一踏入家门，乃知此事不简单。

我到访过不少德国家庭，却第一次见到如此一尘不染、整齐有致的人家。桌椅、书架、摆设，各就其位，就连一盆盆绿植都挑不出一片黄叶，显然，女主人刚刚打扫过。朋友仿佛看穿了我的心思，半带着安慰的语气说道："平日里也有乱的时候。"

我被带进了楼上的客房，在满目的一尘不染中，我甚至不知道该如何摆放我的随身家当。

下楼时经过一个房间，朋友介绍说这是她妈妈的办公室。她妈妈分明是专职的家庭主妇，竟然有自己正儿八经的私人工作领域，足见她的认真。朋友说W夫人每周都会在办公室里制订周计划，包括购物详单、每日食单以及相应的食材分量，且往往精确到克，而这些计划不出意外将会在接下来的一周里得到严格执行。

随后，朋友带我去参观花园，自然是百花争妍、瓜果齐盛。摘了些晚餐将用的香草、蔬果，厨房我们便不得再踏入一步了。W夫人的规矩很严，她烧菜时，菜品、步骤、用量都是精确计划好的，任何人的擅自插手都会扰乱她的排兵布阵，所以老公、孩子只能乖乖地等着开饭。

吃过晚饭，W夫妇聊起他们去越南度假的经历，我问起度假时这么大的园子谁来照顾，朋友笑着说："还不是我那大姨来。"原来W夫人会给每一株花草贴上字条，分别标明浇水量和浇水频次。

她们家的花园不下两亩地，可怜的大姨！

德国人是细节控

叙了这么多德国人的故事，其实这并不是他们的全部。

"严谨"是国人看待德国人时，惯常使用的一片滤镜。透过这片滤镜，严谨的细节得以放大，不严谨的小事却被忽略了。比如我的这些德国小伙伴，也有不严谨的时候。法学生室友G就总是迟到，好友T常常忘回信息，而W夫人的亲生女儿、我好朋友的房间总是杂乱无章。

不过，这些都掩盖不了我多年感受到的事实——德国人是细节控。他们对细节的要求是一种负责任的态度，也是一种源自内心的规矩感。

这样的德国人，严起来六亲不认、八匹马拉不回；细节对了，合规矩了，便释然开怀、笑逐颜开。和德国人交朋友，总有一种不会被糊弄的安心，怎能叫人不喜欢呢？

点赞也要有资格?

□陈艳涛

> 刘姥姥也不是一开始就掌握了点赞的艺术的。

自媒体大V六神磊磊有篇文章说:在职场上,歌唱和点赞也是要有资格的。允许你点赞,其实是一种认可,说明看得起你,还把你当自己人。说到底,在职场中,点赞是有次序、有安排的。六神磊磊提供了一个很有意思的思路:关于点赞的资格。

鲁迅的书里有个故事:"我们乡下有个阔佬,许多人都想攀附他,甚至以和他谈过话为荣。一天,一个要饭的奔走告人,说是阔佬和他讲了话了,许多人围住他,追问究竟。他说:'我站在门口,阔佬出来啦,他对我说:滚出去!'"有一类中国式笑话常以此为笑点,那是一种底层的自嘲式幽默,也讥讽那些不自量力攀附权贵的小人物。其笑点在于阔佬们的不配合、不接纳,连攀附、谄媚的资格都不给。

有些权贵者认为,他们的威严和地位,需要以一种高高在上的姿态、一种距离感、一种与人群划出的界限才能体现,会所、头等舱、顶级盛宴都具备这种功能。如果随意接受一些不入流人群的攀附和谄媚,就会向外界传递一种低就的信号,会失了身份和威严感,甚至会成为对方炫耀的资本,甚至以此牟利。如何拒绝别人的点赞?并不是人人都要疾言厉色来一句"滚出去",拒绝方式可以更从容、更智慧,比如《红楼梦》里王夫人对赵姨娘。

《红楼梦》里,若论情商之低,赵姨娘绝对能排到前三,她几乎开口就惹人厌,不合时宜,永远自取其辱,永远会碰一鼻子灰。第六十七回里,宝钗给众人送礼物时没落下赵姨娘母子,赵姨娘很得意,特意去王夫人那里夸赞礼物和送礼物的宝钗，谁知王夫人头也没抬，手也没伸，只说了声："好，给环哥儿玩罢咧。"这是对点赞者最深刻的蔑视，会让玻璃心的人一下子就堕入尘埃，足以灰头土脸好一阵。

但《红楼梦》里也有一个例外，那就是来打秋风的刘姥姥的点赞，让贾母和王熙凤等人全盘接收，而且很受用。刀光剑影、等级森严的贾府，在刘姥姥这里成了同乐园，为什么会有这样的例外？

刘姥姥也不是一开始就掌握了点赞的艺术的。初进贾府时，她奉承凤姐的话是："'瘦死的骆驼比马大'，凭他怎样，你老拔根寒毛比我们的腰还粗呢！"就连引荐她的周瑞家的尚且嫌粗鄙，更别说出身豪门的凤姐了。凤姐最终以一大篇场面上的套话打发了刘姥姥。

但刘姥姥第二次进贾府的表现和谈吐却让人眼前一亮。面对不同的人，她用了针对性的点赞。比如对贾母，她选择的称呼是"老寿星"，不同于众人平日所称呼的"老祖宗""老太太"，她的称呼里既有恭维也有祝愿。而对于荣华富贵已极的贾母来说，此时最好的恭维和祝愿就是健康长寿了。刘姥姥给贾母讲故事，讲的是她村子有个九十多岁的老太太，吃斋念佛，最后得了个孙子，喜得贾母直念"阿弥陀佛"。吃斋念佛者必有善报，求仁得仁——刘姥姥这个故事就像"老寿星"的称呼，既是对贾母现状的点赞，也是对其将来的祝福。

对年轻一辈的李纨与凤姐，刘姥姥的点赞是："别的罢了，我只爱你们家这行事。怪道说'礼出大家'。"这对于出身名门、年轻守寡的李纨以及要强好胜、深以家族为傲的凤姐来说，特别中听。这一夸赞还引发了凤姐和鸳鸯对于此前宴席上她们拿刘姥姥逗乐的羞愧之心，两人立刻来给刘姥姥赔罪道歉。

对于其他无法揣摩其心思的人，刘姥姥的点赞没法有针对性，她说她带着"头一起""尖儿"的瓜果蔬菜来，"姑娘们天天山珍海味的也吃腻了，吃个野意儿，也算是我们的穷心"。这番话说得真诚、感恩，很有尊严感，也容易博得好感。所以，高情商的刘姥姥在贾府里一路顺风，赢得了从贾母到凤姐，乃至鸳鸯、平儿等人的赞赏。虽有林黛玉的嘲谑、妙玉的嫌弃，但那是因为她们不懂人情世故，并不理解刘姥姥的高情商和大智慧。

在职场上、在社会阶层里，点赞的确是有区别、有资格的。但说到底，没有人能拒绝刘姥姥这类人：自尊自爱，有强大的生命力，还有着对人性的深刻了解。这样的人，无论多贫贱，都值得报以最高规格的尊重和敬意。

和古代学生比辛苦？对不起，你们输了

□慕 乔

"圆外切六等边形法，以半径自乘三归四因开方，得外切六等边形之每一边，以图解之。"你会做吗？

开学总是有欢喜也有忧愁。不过，要知道中国早在4000多年前就有了学校，这开学的快乐和苦恼早已沉淀了4000年。现代的孩子到了六七岁的时候，就进入学校开始学习，从小学、中学到大学，共有十六年的时间在学校度过，漫漫的求学路上既有欢乐也有苦涩。相比之下，在古代，学生上学却是另一番情景。

入学早晚不要紧，可以分快慢班呀

古代的学校有官学和私学之分，一般来讲，官学是由政府创办的，私学是由个人或一些民间组织创办的。学校性质不同，招收的学生也不同。

官学特别是中央官学，主要是面向官员子弟的，入学年龄没有统一要求。对广大平民子弟来说，进入私学是较为普遍的情况。所以，古代教育不公现象也很严重。明清时期，大力推广乡村小学，要求"遍立学校"，五十为一社，"每社立学校一"，农村孩子受教育的机会大增。同时，由地方官府或慈善人士开办的义学（义塾），得到进一步发展。义学是免费的，解决了穷苦人家孩子的"上学难"问题，可视为古代的"希望小学"。

入私学的年龄，民间有"八岁孩提子，从师入学堂"的说法，也就是八岁开始上学，和现代入学年龄差别不大。好多名人都是八岁入学的，如东汉哲学家王充、宋代文学家苏东坡等。《大戴礼记·保傅》称，"古者年八岁而出就外舍，学小艺焉，履小节焉"。

即使晚上学也是一件很正常的事。比如明朝有规定"八岁以上、十五岁以下，

皆入社学"。即使你超过15岁，依然可以去"上小学"。古代有20岁上小学也很多见，甚至30岁上小学的例子。这些"社学"的门槛也很低。入学时也不需要考试，招生数额也没有限制，凡是愿意读书的，都可以来参加。要说义务教育，中国古代可能就已经做得很不错了。

当然有些地区，也会对儿童入学采取强制性措施，比如规定："民间子弟八岁不就学者，罚其父兄。"也就是说，有些地方如果八岁不送孩子去上学，那么父兄就要遭到责罚。可见古时候对教育的重视程度。

现代的"快慢班"，古代也有。如宋徽宗时期，颁小学条制，国子监实行"三舍升补法"，班级分"外舍""内舍""上舍"三种。新生皆分在外舍，成绩好的升入内舍；内舍生考得好的，升入上舍。实际上，这种快慢班，更有"留级"和"升级"的味道。

古代没有中学，小学一般是"七年制""八年制"或"十年制"。所以，古代不是"小升初"，而是"小升大"，小学读完直接升入太学、国子监一类的高等学府。因此，13岁上大学在古代一点也不稀奇。但并非每个小学生都能"小升大"的，有名额限制，如宋代便将大学的升学率控制在50%。

学业重假期少，学不好就等着挨揍吧

古代是农业社会，一切围绕着农业展开，学业同样如此。古人选择开学时间一般会选择农闲时间。以此让家长不用为孩子上学耽误农活。

在汉朝，一般有三种入学时间："正月农事未起、八月暑退、十一月砚冰冻时。"简单概括就是春季入学，秋季入学和冬季入学。一般来说，春季入学多在正月十五以后。而秋季入学和现代开学时间较为接近。冬季入学一般为农历十月。

知道了开学时间，还必须得说说学生的假期。古代学生也是有假期的。只不过没有像如今这样寒暑假分得那么清楚。而且假期也比现在少很多。学校则规定每天7～9点入学，15～17点回家，每个月放假3天，其他时间不得擅自离校；另外一种学校，则是每日日出上学，日落放学，9～11点吃午饭，每年端阳初四、初五，中秋十四、十五，清明，七月半，十月朔各放假一天，平时概不放假。比起现在动辄两三个月的假期，各位同学还是知足吧。

那么古时候的小学生都学些啥呢？作为启蒙教育，一般小学最多的教学内容还是识字、作文。当时的识字教材普遍都是《三字经》《百家姓》《千字文》《千家诗》等，简称"三百千千"，都是识字的基本教材。

识字了之后就开始学习一些经、史、历、算的知识，还包括一些本朝的律令以

及一些冠、婚、丧、祭等礼仪。到了明清时期,有的学校已经出现了"课表",如明代魏校在担任广东提学副使期间,设置了一份课程表,里面就包括"教琴、习射、习乐歌咏"等内容。

古代的教育非常重文轻理,但如今令无数学生胆寒的数学,古时候那也是要学的。比如这道古代的几何题——"圆外切六等边形法,以半径自乘三归四因开方,得外切六等边形之每一边,以图解之。"你会做吗?

古代对学生的管理严厉,大多家长也认同"不打不成器"。读书不认真或学不好,被打板子、抽鞭子、罚跪如家常便饭。王充《论衡·自纪篇》称,"书馆小僮百人以上,皆以过失祖谪,或以书丑得鞭"。可见,在汉代就流行体罚学生。

体罚在古代叫"挞罚"。到明代,挞罚为乡村小学普遍采用,连学生家人都跟着受罚。明黄佐《泰泉乡礼·乡校》中规定:"无故而逃学一次,罚诵书二百遍;二次,加朴挞,罚纸十张;三次,挞罚如前,仍禀其父兄。"当然,也有的老师很人性化,给"三好生"开"免打条"。明理学家沈鲤就主张,"学生勤学者、有进益者、守学规者,给免帖一纸,遇该责时,姑免一次"。

古人还会直接请家长或长者坐进教室,参与班级管理。明代良吏叶春及在惠安办学时即如此,其《石洞集·惠安政书》中这样记载:"轮笃实老成者二人,平旦坐左右塾,以序出入。"古代还很注重对学生日常行为的稽考,以约束学生行为。如明代有的小学设立"扬善簿""改过簿""记过格",好事坏事均记录在案,作为学生升学录取时的参考。

考试天天有,减负?不存在的

古代小学主要是识字、写字、习经史、学六艺。据《宋会要·崇儒》,宋代国子监小学"条制"要求:"小学生八岁能诵一大经,日书字二百";"十岁加一大经、字一百";"十二岁以上,又加一大经、字二百"。

古代检查学生的学业,也靠考试,俗话说"小考天天有,大考三六九",在古代还真有。如宋代,老师会逐日测试学生的学习,这叫"日考";另外还有"月考""季考"等。具体考试时间,各朝代、各学校都不同。

元代对小学考试时间做出了具体规定,考试固定在每月的初三、十六两天。而且,出题和监考要分两班人。明代又有不同,明代理学家沈鲤称:"朔望日考试,分等第,行赏罚。"到清代,小学考试形成了制度,根据教学方式与内容的不同,采取不同的考试:公课、月课一月一考,朔望课半月一考,季课一年四考。另有会课的多次考,义学的抽考等。若重要考试考砸了,还允许"补试"。

古代考试评分方式较丰富，有"十分制""打钩制""评语制"等，但无"百分制"。以"打钩制"来说，优秀的打〇，一般的打△，差的打×。

提到古代教育，就不得不联系到科举制。在很多影视剧中，如《倩女幽魂》中反映了古代上京赶考的困难；隋唐时都城在长安，各地人都要赶到长安考试；宋朝人考试当然在都城开封。这下，南方人得划船过江，被黄河拦截住的北方人得乘木排渡过黄河，诸如此类的地理因素让科举难上加难。

科举本身也是万里挑一的考试。从院试、乡试、会试到殿试，从秀才、举人、贡生再到进士，最终的前三名分别为状元、榜眼和探花。而全国这么多人中只有一个人可以当状元，相比较时至今日的大学招生，古代想要考取功名是难上加难啊！所以，大家学习都很拼，减负？那是不存在的。

一只鸟惊险的68天

□莫小米

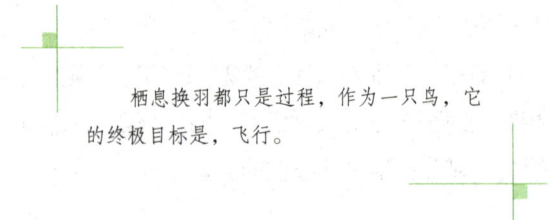

栖息换羽都只是过程,作为一只鸟,它的终极目标是,飞行。

三月,江南还是春寒料峭,它在黑夜里飞累了,发现一片闪着光的水域,便悄悄地歇息下来。

很快就天亮了,环顾四周,它感到惊讶,这不似自己以往落脚生息的森林湖泊、云水天光。它看到了一片高楼林立,人来人往,身边是悠荡的彩色小船……懵懵懂懂,原来落脚在了繁华都市。要是它会人话,一定会脱口喊出:我的妈呀!

它是一只年轻的鸟吧,不知道这是一个危机四伏的所在,只觉得湖水清冷宁静,湖中食物丰富,小住几日倒也不错。

它是活泼的,或点水展翅,或潜水捕食,或整理羽毛,左顾右盼,不时将脖子弯曲成美丽的S形,仪态优雅。

它叫黑喉潜鸟,繁殖于北极圈附近,在中国数量极为稀少。它会在水面追捕鱼群,更爱潜水觅食。善游泳和飞行,春秋季节常成对迁徙。而它为什么形单影只?是不是有什么悲伤的故事?不得而知。

没过几日,人们惊讶地发现,它竟然开始换羽了!它难道不知道,褪去飞羽意味着自己短期内无法飞行,只能像一只鸭匍匐在水中,遭遇强敌将没有任何对抗和躲避的能耐?多么冒险的举动啊!

它于数天内尽数褪下了所有的初级飞羽,又渐渐褪去次级飞羽,那样子活像超市冰柜里的鸡翅尖,扑棱起来十分可笑。

一个月后,它的飞羽才开始生长,并一天一天羽翼丰满,这个过程相当缓慢。与此同时,它颈部原本雍容的白色羽毛换成了华丽丽的锦缎黑色,成了名副其实的黑喉潜鸟。

栖息换羽都只是过程，作为一只鸟，它的终极目标是，飞行。

它开始了专业运动员般的训练。某一天，在游船全部结束后，它开始了踩水奔跑，测试着飞羽的提升力，可惜未能腾空而起。

隔日的早间，它再次尝试，踩水、助跑……起飞。

每天的早晚，它不懈地练习，绕湖一周、绕湖两周、绕湖五周，越飞越高。

训练一周后的清晨，天蒙蒙亮，它开始绕湖飞行，绕的圈子越来越大，飞行的高度也越来越高，终于认准方向，在很多现场观察者的镜头里，向北飞去，直到不见踪影。

一只鸟，在上海世纪公园的镜天湖平安生活了68天。

这件堪称惊险的事是一只鸟所经历的，这件堪称伟大的事是许多熟识与不熟识的人共同完成的。

愉快是基本标准

□周国平

> 以愉快为基本标准，这也是在读书上的一种诚实的态度。

读了大半辈子书，倘若有人问我选择书的标准是什么，我一定会毫不犹豫地回答：愉快是基本标准。一本书无论专家们说它多么重要、排行榜说它多么畅销，如果读它不能使我感到愉快，我就宁可不去读它。

人做事情，或是出于利益，或是出于性情。出于利益做的事情，当然就不必太在乎是否愉快。相反，凡是出于性情做的事情，亦即仅仅为了满足心灵而做的事情，愉快就是基本的标准。属于此列的不仅有读书，还包括写作、艺术创作、艺术欣赏、交友、恋爱、行善等。简言之，一切精神活动，如果在做这些事情时不感到愉快，我们就必须怀疑是否有利益的强制在其中起着作用，使它们由性情生活蜕变成了功利行为。

读书唯求愉快，这是一种很高的境界。关于这种境界，陶渊明做了最好的表述："好读书，不求甚解。每有会意，便欣然忘食。"不过，我们不要忘记，在《五柳先生传》中，这句话前面的一句话是："闲静少言，不慕荣利。"可见要做到出于性情而读书，其前提是必须有真性情。那些躁动不安、事事都想发表议论的人，那些渴慕荣利的人，哪里肯甘心于自个儿会意的境界？

以愉快为基本标准，这也是在读书上的一种诚实的态度。无论什么书，只要你读时感到了愉快，使你发生了共鸣和获得了享受，你才应该承认它对于你是一本好书。在这一点上，毛姆说得好："你才是你所读的书对于你的价值的最后评定者。"尤其是文学作品，本身并无实用，唯能使你的生活充实，而要做到这一点，前提是你喜欢读。没有人有义务必须读诗、小说、散文。哪怕是专家们同声赞扬的名著，如果你不感兴趣，便与你无干。不感兴趣而硬读，其结果只能是不懂装懂，人云亦云。相反，据我所见，凡是真正把读书当作享受的人，往往能够直抒己见。譬如说，蒙田就敢于指责柏拉图的对话录和西塞罗的著作冗长拖沓，坦然承认自己欣赏不了。赫尔博斯甚至把弥尔顿的《复乐园》和歌德的《浮士德》称作最著名的引起厌倦的方式，宣布乔伊斯作品的费解是作者的失败。这两位都是学者型的作家，他们的博学无人能够怀疑。我们当然不必赞同他们对于那些具体作品的意见，我只是想借此说明，以读书为乐的人必有自己鲜明的好恶，而且对此心中坦荡，不屑讳言。

我不否认，读书未必只是为了愉快，出于利益的读书也有其存在的理由，例如学生的做功课和学者的做学问。但是，同时我也相信，在好的学生和好的学者那里，愉快地读书必定占据着更大的比重。我还相信，与灌输知识相比，保护和培育读书的愉快是教育的更重要的任务。所以，如果一种教育使学生不能体会和享受读书的乐趣，反而视读书为完全的苦事，我们便可以有把握地判断它是失败的。

新闻发言人是如何"炼"成的

□ 傅 莹

> 如果说让人"听得懂"是"技术",那么,让人"喜欢听"就是"艺术"了。

与记者会的初次接触

1988年,钱其琛在人民大会堂举行第一次外长记者会,由我担任现场英语交替传译。当时我从英国肯特大学留学回来已两年,在外交部翻译室英文处工作。

记者会的交替传译比平日难度更大,容错度很小。我提前40分钟就到了人民大会堂,在陕西厅等候。我感觉到前所未有的紧张,心慌,手心发凉。

过了一会儿,钱外长到了。"紧张吗?"他关心地问。"是,特别紧张。"我如实回答。"今天是考试,考你,也考我呀。"钱外长这样说。我一下子醒悟,此刻压力最大的是钱外长。突然想到,让肌肉紧张和活跃起来可以缓解大脑和心理的紧张,直冲盥洗室,原地跳50下,气喘吁吁、浑身发热,心跳加速确实缓解了心理压力带来的紧张感,至少不觉得那么冷了。

记者会开始了。我努力跟上钱外长的思路,抓住答问的重点和含义,选择恰当的词汇表达,整个进程还算流畅。这是我与人大记者会的初次接触。这次经历让我在控制情绪的能力上实现了一次提升。

寻觅公众心中的问号

初做发言人,我最强烈的感受是被淹没进了问题的海洋,最大的挑战是如何尽快找到方向,如何在发布会有限的一个多小时里,传递出公众期待的重要信息,解决人们心中最多、最大的问号。

先从媒体关注的问题中进行"海选"。前期筹备工作中根据座谈会整理出来的

"问题大本",是我和团队的基本参考。

我的背后有个专业团队,我们将媒体提出的问题拼出一幅"矩阵图",纵向是各家媒体,横向是他们提出的问题,两者结合处用黑色块标注,按图索骥,基本可排出一个社会关注的热点问题"排行榜"。

我和团队在此基础上,综合考虑这些问题与全国人大及其常委会工作的相关性,最终选出大约70个重点问题,作为准备新闻发布会的基础。

为什么是70个,而不是更多或者更少?算是经验之谈吧。

"不是更多",因为无法更多,我不能漫无边际地准备,需要聚焦最重要的问题,搞清楚弄明白。70个"问题"实际上是70个"话题",比如雾霾、反腐、"十三五"规划、朝核等,是从大量问题中"浓缩"而来的,基本能覆盖媒体和公众关注的范围。虽然记者对每个话题都有可能从不同角度提出完全不同的问题,但我只需做好对话题的准备,然后依靠技巧回应关于这个话题的各种提问。

"不是更少",因为再少恐怕就覆盖不住公众关注的范围了。所以,对我来说,认真挑选好70个问题是做准备工作的基础。

我非常重视与记者的相互熟悉和沟通。发言人同记者是共生关系,记者问得精彩,发言人言之有物,发布会才能有好的效果。

发布会是"听"的艺术

新闻发布会的受众是多元化的公众,有公务员,也会有家庭主妇,有退休干部和工人,有出租车司机,还会有学者、专家、企业家、学生等。我希望自己所传递的声音能让在场的记者听得进去,更希望坐在电视机前或收听广播的老百姓能听懂和接受,让他们听得懂、喜欢听、记得住。

这说来容易,做到实在很难。我和团队孜孜以求的,就是实现这样的目标。

第一个门槛是"听得懂"。

这个看似简单,其实颇不易。针对社会热点和重点问题,我可从相关部门获得大量相应的资料,但这些都是通常的公文,我需要把书面公文体转换成通俗易懂的发布会答问要点。

首先是讲话要短。在发布会上回答一个问题,控制在三分钟内较恰当,其间,大约一分钟转换一个论点效果更好,时间再长或内容再多,就抓不住人的注意力了。据此,团队构建答问要点时,一个问题不能超过300字,分成三段式,在此范围内打磨表述方式。

根据我在发布会上实际应用的情况,如准备得对题,我可在要点基础上现场发挥,一般讲600字左右,控制在四分钟内。如果准备的要点与问题不特别对口,就需讲更多的话来铺垫，就只能部分地使用准备好的要点。遇到毫无准备的问题，回应起来更易啰唆。

这就对答问要点的打磨提出了极高要求。语言的魔力就在于，只要用心琢磨，哪怕一个字或词的变化，其感染力的呈现都会不同。

第二个门槛是"喜欢听"。

如果说让人"听得懂"是"技术"，那么，让人"喜欢听"就是"艺术"了。我的体会是，人们最喜欢听真诚的话。真诚是一种触摸不到却能通达人心的感觉。

媒体记者有疑问，说明公众有关切，这往往关乎"切身利益"，比如房地产税、《证券法》；可能是"切身之感"，比如食品安全和雾霾等等。发言人需要"人同此心"，才能与大家"心同此理"，让人们接受并认可自己的回应。

让人"喜欢听"，还可有一些幽默。发言人难免对记者会环境中的"不可知"因素会有恐惧感，而改变气氛最好的办法是幽默。

第三个门槛是让人"记得住"。

这就必须简洁且有重点。要有几个关键句，让人印象深刻。我和团队讨论每个答问时，首先商量这个问题"是什么"，再商量"说什么"，传递的核心要点是什么。

以我对反腐败问题的回应为例，公众关心的范围相当宽泛，准备时需面面俱到，但在新闻发布会的有限时间里不可能事无巨细地回答，需抓住重点。从全国人大及其常委会的角度，需传递的最重要信息是"要加强反腐败制度化建设"，这基本上可涵盖媒体关注，把公众所关心的相关问题纳入这个框架。就是说，只要涉及反腐败的话题，都可顺势引向这个核心信息。

训练、再训练

新闻发布会总有可预见和不可预见的成分，好的新闻发布会引人入胜之处，恰在于其可预见性和不可预见性的交错。预先做尽可能全面的准备，有利于增加可预见部分，认真学习和积累则可以为应对不可预见的部分奠定基础。

对我而言，将重点问题的答问要点建构好，只完成了发布会准备工作的一半。若想增加可预见性，应对好不可预见性，最大限度地提升临场应变能力，我需要：一是牢记答问要点，二是训练据此应对各类问题的能力。

这是发布会准备的下半场，于我而言也是最艰苦的阶段。

训练的第一步是牢记要点，其中的核心内容要烂熟于心。目的是面对这类提问时，能较顺畅、清楚和口语化地表达出来。

熟悉答问要点的过程很痛苦、很熬人，需反复强化记忆。法律问题最讲究逻辑严谨、表达清晰、意思准确，"权利"与"权力"有不同，"监察"同"检察"不一样，"期限"和"期间"要区分，如此种种，不一而足，不能混淆。这是大量密集学习的过程，要理解并在短时间里记牢那些专业表述和法律名词，再用自己的话说清说准，确实是很大的挑战。

只有反复练习。我把一天分为上午、下午和晚上三个时段，每个时段的开始都要强化前一次训练的答问提纲，再记新的答问提纲。我让助手把答问提纲一段一段地录在手机里，在午饭后散步时听，然后复述。针对出错率高的词汇和表述，下班后，我会找人少的公园，在一个角落对着一棵树重复多遍，希望训练出口腔肌肉的记忆惯性，避免在这些词汇上卡壳。这是当年学英语时常用的强记法。团队成员开玩笑说，每次换棵树，别让那棵树厌烦得枯萎掉。

背诵记忆，也是检验和进一步打磨答问要点和表述的过程。这段时间，家人是最好的听众和老师，他们听我讲，提醒我哪些地方太啰嗦，哪些地方表述不清楚，哪些内容"众所周知"，可不用讲。

训练的第二步是演练。新闻发布会上，发言人需在很多无法预见的条件下掌控进程，充分利用记者提问的每个机会，传递出大会的信息。要在高强度压力下快速思考，组织好每句话，考虑到说出去的话的影响和效果，这种能力需通过演练来培养和练习。

我需要通过训练来培养一种能力，即无论记者从哪种角度提问，都能把准备好的内容与记者提出的问题尽可能自然、合理地连接上，准确传递我想表达的核心信息。

怎样训练？由团队成员围绕重点问题对我进行交叉提问。一般有两三名助手参加，他们记下我的口误或遗漏，逐一指正。一次又一次的演练使我的表达越来越顺畅，也更加自信，自由发挥的空间也越来越大，时常出现灵光一现的想法，成为将来可使用的亮点。

第三阶段是模拟演练。为熟悉和适应现场的紧张感，团队会布置一个模拟新闻发布会的场景，有人扮演主持人，有人当记者提问，还有人负责计时和记错，严格按正式程序和方式进行。模拟演练帮助我适应充满紧张感的气氛，减少面对镜头时的不自然感，提前释放因紧张而导致的压力情绪。

我与团队一起观看录像，查找存在的问题。表达是综合性结果，不仅关乎说什么，还在于用什么方式、神态、口吻、语气来说，甚至肢体语言都构成表达的一部分。

最后一件需要记住的重要事情就是：微笑。现场直播的形式和不可预见性所带来的压力是实实在在的，我常常会忘记微笑。助手们在演练时就常提醒我：要微笑，不要板着脸。在现场他们也会用各种方式提示我。说到底，微笑是一种态度，这不仅是新闻发言人对公众的态度，我想，也应是中国对世界的态度。

"死磕"也是一种极致

□陈 墨

> 某种意义上,"死磕"来自一种对自身缺失的认识。

那年5月,罗振宇与前合伙人申音正式分家,携"罗辑思维"项目出走,重组团队注册公司。杜若洋记得,那段时间资金紧张,一度靠老板自己垫钱维持。

彼时作为品牌而不是节目的"罗辑思维",刚完成两期会员招募,正密集地进行社群经济探索。

社群经济是一种运营,即把喜欢"罗辑思维"的用户聚集起来,和他们尝试各种互动。杜若洋和这家公司很多员工一样,来自传统媒体,认为最重要的事是"好好做内容",当时作为一个内容团队,"罗辑思维"还有很多不成熟之处,他认为应该先"让小朋友们抓紧读书","找到更多的好故事、好料支持节目",补足短板。

但罗振宇不这么认为,在"罗辑思维"合伙人里还有申音和吴声时,这三个人主要做的一件事就是给团队开会,"给我们开会,和团队开会,逼着必须做,讲运营的重要性,必须做。"杜若洋记得。

2017年6月17日,"事先不告诉你是什么"的图书包,一个半小时售出8000套;7月18日,众筹制作、"找人代付"的"真爱月饼"正式上线,共计售出4万多盒,近300万人参与其中;10月8日,柳传志在"罗辑思维"发布语音,征集"柳桃"营销方案,雕爷、王珂、王中磊等5人回应,在"罗辑思维"平台上线一天,10000盒柳桃售罄。

"做一个事儿爆一个事儿,做一个事儿爆一个事儿,那个感觉太爽了!"现在想起,杜若洋仍两眼放光。一波波巨浪的操盘手,是刚搬进新办公室里的二十来人。他们所属的罗辑思维公司,有微信用户285万,市场估值已达数亿元。

事后,杜若洋和罗振宇复盘,认为他们遇到的是一个难得的机会,"当时确实机会太好了,赶上风口了,第一最大的风口是那个微信的风口,就是微信刚起来,然后刚有公众号。"但很难说是罗振宇预料到了风口,逼大家做运营或许是他一贯的死磕风格和危机意识,事实上,放在一年半以前,罗振宇对这件事的预期都低得可怕。

"当时可不自信呢。"杜若洋回忆,"最开始的时候,罗老师想做一个自媒体,安安静静的,就没想到做那么大。"他记得,开《罗辑思维》策划会,罗振宇跟他们说:"咱们做5年能追上人家《冬吴相对论》,咱哥儿几个小日子过得就不错,主要这是咱们爱好,做件有意义的事儿。"

杜若洋说,罗振宇原本不是一个性格温和的人,但他能通过自我节制进行修炼,变成做某件事需要成为的样子。"罗老师是沿着理性的坡往上爬,爬到佛性的顶的那个人。"

在工作上,这种修炼被罗振宇称为"死磕"。

有一次,罗振宇第二天的60秒语音一直没想好,在办公室沙发上想到3点钟,不小心睡着了,迷迷糊糊5点钟醒了继续憋。当天还要录视频,他从不用提词器,打一个磕巴从头来过。整个人疲惫得不行,跟杜若洋念叨:"哎呀,我觉得这事儿不可持续,不可持续。"

某种意义上,"死磕"来自一种对自身缺失的认识:罗振宇最羡慕高晓松,因为他听说《晓说》经常一条过。罗振宇总结,人家有天赋,是天生贵族,自己只能靠努力,是屌丝逆袭。他认为,如果一个人没有天赋但能把一件事做到"死磕",也能达到一种惊人的极致。

真正的人生，是不拒绝成长的邀请

□苏 芩

> 美是一种力量，我不欣赏任何软绵绵的优雅，因为我知道：我能驾驭的，才是我拥有的。

任何发生在你身边的事情，都是对你成长的邀请。

有一个小孩，他的母亲是喜剧演员。有一天，母亲嗓子哑了，在台上说不出话来，底下的观众发出一片嘘声。小孩在幕后看着妈妈被一群人起哄，想到自己平时经常听妈妈唱一些歌曲，耳濡目染久了，也会哼一些，他就大着胆子跑到台上，代替母亲表演。

虽然是第一次登台，但他毫不怯场，唱起了家喻户晓的歌曲《杰克·琼斯》。没想到，一曲歌罢，他竟把全场的观众镇住了，观众发出叫好声，纷纷往舞台上丢钱。于是他又连唱了几首名曲，成了当晚最耀眼的小明星。

后来，他用肥裤子、破礼帽、小胡子、大头鞋，再加上一根从来都不舍得离手的拐杖，创造了一种独特而又戏剧化的表演方式。他就是天才的电影喜剧大师卓别林。

70岁生日当天，这位年已古稀的艺术家，在历经沧桑之后，内心无比宁静平和，写下了这首家喻户晓的德语诗《当我真正开始爱自己》：当我开始爱自己，我不再渴求不同的人生，我知道任何发生在我身边的事情，都是对我成长的邀请。如今，我称之为"成熟"。

其实，当你开始发现生活的激情时，才能充分认识自己，才能找到所有适合自己的一切，比如兴趣爱好、职业方向、事业梦想、人生伴侣等，并领悟到人生真谛和活着的意义。

我的一个朋友，发了一条微博说："其实，这个世界从来不曾为你改变。"

是的。世界很大,人来人往,又有多少人能看见你?你的彷徨,你的失落,你的孤独,其实都源于你的内心。

尼采曾说,在生活的价值体系里,财富和权势都是末,心灵的舒展才是本。你只有建立一个稳妥的、有内在支撑的系统,才能对抗这个世界的无序与纷乱。而在这个价值体系里,目标之于你,激情之于生活,都有非凡的意义。

25岁时,我离开了一家世界500强的外企,成为一家媒体的主编。我主动跟老板申请开发大型活动这块媒体业务,还记得第一次去向投资人讲解活动策划的场面。面对满满一屋子的人,我紧张得声音发抖,那时候不会想到,三年后,我会站在清华大学EMBA班的讲台上,为各商业领域大咖学员们讲国学课程。30岁之前的我,已然过得精彩纷呈。

经常会被问道:"凭什么你可以有这样的成绩?"

每次我都坦然作答:"因为我活得够世俗。"

我的成长比别人更艰险,我经历了比别人更刺骨的尴尬与摔打,所以今天,我才有底气告诉你,哪些弯路,可以绕开。30岁前,我曾经告诉自己:情调、品位,这些灵魂的工程,我留待40岁后去慢慢享用。在此之前,我会用好世俗的规则。

我了解世俗的规则,也懂得世俗外的享受,深切地明白,如果没有足够的力量赢得生活,那一切优雅的享用,都会转瞬即逝。美是一种力量,我不欣赏任何软绵绵的优雅,因为我知道:我能驾驭的,才是我拥有的。

我们都需修炼,在尘世的烟火中,修炼出一颗颗通透的心。我一直梦想成为这样一种人:可以很世俗,却又似在世俗之外。

希望你也可以,活成自己梦想的样子。虽然在此之前,我们要像俗人一样,活得足够努力。

一条敢于活埋自己的鱼

□朱永波

肺鱼为什么能在一滴水都没有的土里存活呢?

按照生活经验,鸟是在天上飞的,鱼是在水里游的,要想吃到鱼肉,自然要到江河湖海中去捕捞。然而在干旱的非洲,人们有时候吃鱼却不是从水里捞,而是抡起锄头在地里挖。

这种能被人们用锄头在地里挖出来的鱼叫肺鱼,是一种非常罕见的淡水鱼,目前全球仅在非洲、南美洲等少数地区有分布,是一种恐龙时代就存在的活化石般的生物。肺鱼为什么能在一滴水都没有的土里存活呢?这要从当地的自然环境说起。

在干旱的非洲大陆,动物们都是逐水而居的,尤其是非洲角马、羚羊等草食动物。每年旱季将要开始时,非洲大陆便会上演动物大迁徙。角马等陆生动物可以追随着水源长途迁徙,而生活在水里的鱼类却无法迁徙。

随着旱季的到来,河流开始断流,一些低洼处的存水也随着烈日的暴晒而不断减少。无处可逃的鱼儿大概已经嗅到了死亡的气息,不断地蹦出水面来表达恐惧。但是谁也无法阻止干旱的步伐,几天后,河床彻底干涸、龟裂,除了一层各类动物的白骨,河床上已经看不到任何生命的迹象了。然而,看不到生命并不等于没有生命,在已经干涸的河床底下肺鱼还活着。

在雨量充沛的季节,非洲肺鱼和其他鱼类一样,自由自在地在河流里生活,以小鱼、小虾为食。但是几亿年的进化使肺鱼有了对自然规律的感知能力,它们知道在不久的将来干旱就要来临,所以在食物丰富的雨季,它们便会拼命地吃,不断地积累脂肪。

旱季来临,河水不断干涸,无处可逃的其他鱼类只能坐以待毙,但肺鱼却有自己的打算。在一个月黑风高的夜晚,肺鱼趁着河底还有淤泥,开始挖掘洞穴。经过艰苦的挖掘,一个离地面二三十厘米的洞穴终于完成。为了防止脱水,肺鱼将身体团成一个球,用分泌物加泥土做成茧壳和外界隔绝。为了能最大限度地保存体力,它们会将代谢率降到最低点,缓慢地燃烧着自己的脂肪来维持生命。肺鱼就这样把自己"活埋"了,只有当河水再次淹没这个地方时,肺鱼才会苏醒过来。但是这个等待有多久,谁也说不准。

曾有纪录片拍到有一条肺鱼被当地农民在河床上取土的时候无意中带回家,做成了砖砌在墙上。几年后的一天,大雨倾盆,这块土砖被雨水浸泡瓦解,一条肺鱼从墙上顺着雨水飞流直下游到了河里,这才得以重生,由此可见肺鱼的生命力多么顽强。

科学研究发现,肺鱼离开水依然能存活的原因是肺鱼除了会用鳃呼吸外,它还能用鳔呼吸。但肺鱼最让人敬佩的不是它能用两种方式呼吸,而是它对生的向往和由此衍生出来的超强忍耐力。

即使命运再残酷,肺鱼也从不轻易缴械投降,它始终以生命力的坚韧与严酷的外界环境对抗着,直至重生。

独自战斗，独自通关

□蔚 蓝

> 作为一个堂堂人族，被一只鸡欺负成这样，听起来似乎挺丢人的。

放学路上，我边走边四下逡巡，想找个"称手"的武器——昨天捡的那根树枝太细太脆，第一回合搏斗刚开始，它就断了，害得我负伤落败，哭着回家。

我慢吞吞地走着，尽可能拖延着回家的进程。在大院门口，我终于找到了一根比较满意的树枝，可是掂量比画了好一阵，还是迟迟无法下定决心走进楼道。

我的对手是一只大公鸡，它是我家楼下邻居胡姥姥养的宠物。

胡姥姥对它爱若珍宝，把它养在楼道里，从来不加约束。楼道里养鸡显然不合适，但那时机关大院邻里关系比较和谐，也没人管。

我们管公鸡叫公鸡，胡姥姥管公鸡叫鸡公；我们当地人喂鸡是这样吆喝的："咕……咕咕咕咕！"胡姥姥是这样吆喝的："局……局局局局！"每次看到她喂鸡，我都一面学她，一面扮鬼脸。

鸡也没白吃胡姥姥的，一长大就开始报恩护主。凡是路过胡家的小孩，都遭到此鸡的无差别对待——被啄得哭爹喊娘。

但是这只鸡就住在我的必经之路上，不可能绕过它，因此我的每一次往返都成了斗鸡之旅。一开始我还不太把这畜生放在眼里，短兵相接了不到三次，双方的战斗力就已经表现出了巨大的差距。

话说那天中午，我刚踏上二楼，就看见这厮阴森森地蹲在那里。我的肾上腺素嗖的一声升到脑门，一面用树枝指着鸡，一面慢慢向楼上移动。鸡一看我竟敢手持武器，好斗性立马就飙上鸡冠，毛一抖，翅膀一扇，跳起来狠狠啄了我一下。

我急忙挥起树枝还击，它灵巧地避开了，眼中放射出凶残、邪恶而又疯狂的光芒，扇着翅膀抢上前来，不要命似的向我发起猛攻。失了先机的我余勇尽泄，无心恋战，一边盲目地乱挥树枝，一边号哭着往楼上奔窜。鸡跟在后面穷追不舍，照着我的屁股一通狠啄，一直把我追到家门口，看到我妈出来，才不慌不忙地下楼去了。

它最招我恨的就是这点：欺软怕硬。但凡有个成年人在我身边，它要么昂头踱步，要么低头吃米，一脸世界和平大使的表情。

作为一个堂堂人族，被一只鸡欺负成这样，听起来似乎挺丢人的，但我心安理得，因为这鸡真不是一般的鸡。我姐比我大许多，当年也被这恶棍啄得屁滚尿流。现如今，回想起往事，她说："当年的我饶是短跑冠军，还是被这只大白鸡啄。其实要说有多痛也不至于——它只是只鸡嘛！怎么咬都不会造成重大伤害，关键是那种白色恐怖！"姐姐推心置腹地说："它那种邪恶的攻击欲念足以摧毁你的信念，让你忘了自己远比它强大的事实！"我把手用力按在这世上唯一知音的手上，重重地点了点头。

随着年龄的增长，我的战斗力也渐渐提升。一开始，屡战屡败不说，鸡那残暴的目光还常常出现在梦中，害得我屡屡惊醒；后来，我偶然也能逼退它，成功跨过天险，每日的搏击已是家常便饭，胜负都已被我看淡——是的，这只神奇的大公鸡一直活了很多年，我这辈子再没见过这么长寿的鸡。

再后来，胡姥姥去世了，她的家人随后宰掉了这只鸡。全院小孩奔走相告，孽畜已除，世道安稳，岁月静好，大家终于得以重享太平。

在这个江湖上，有时候每个小孩都只能独自战斗，独自通关，独自升级。大人们都忙，总有时候顾不上管我们，任凭我们独自闯荡。

你的不优秀，都是因为在"假装努力"

□狮小主

"永远不要用战术上的勤奋，去掩饰战略上的懒惰。"

板栗是我在北京实习期间合租的室友。一次下班回家，我刚进门，就听见板栗跟电话另一端的女朋友在争吵，起因是对方无意间问了一句：什么时候买房子？

板栗对着电话怒吼："你知道我在外面有多不容易吗？我这么努力，每天累死累活的，可你呢？整天就知道催催催，现在房价这么高，能怪我吗？"挂完电话，板栗的房间就传来了游戏的背景音乐声。

我实在不能把常常打游戏打到半夜的板栗，和他电话里那个"累死累活"的上进青年联系在一起。据我所知，板栗在一个工作室做平面设计，平时的工作也远远称不上累。他每天准时上下班，回到家里基本上就是玩游戏、看美剧。周末他也没什么社交活动。好几次我在厨房做饭的时候，撞见他半睡不醒去开门拿外卖，不一会儿屋子里又传来游戏声。

实习期结束，我将一些带不走的书分给了室友，敲开板栗的门，屋里传来一股混合着剩饭剩菜跟碳酸饮料的味道，我把书给他，问了句："你今后怎么打算？""先努力几年再说吧。"他答。

言谈举止中，我却没有读出任何有关他"努力"的信息。而他挂在嘴边的"努力"二字，反而更像是一个借口。这样朝九晚五地"努力"着，一成不变，五年后和今天能有什么区别呢？

我敢跑到北京当北漂，说明我很努力；我脑子里每天都在告诫自己要努力；一线城市压力那么大，留在这里，说明我很努力。

有时候，"努力"就像一件华丽的外衣，掩盖了不思进取的事实。嘴上喊着所向无敌，心里却不堪一击。欺骗自己，甚至自欺欺人，找各种理由各种借口，不断安慰自己：这不是我的问题。

和我一批实习的有个女生叫小如。每天她都是单位来得最早、走得最晚的那个。我们常常开玩笑地说："这么努力是要直接转正的节奏啊！"

一次部门会议结束以后，总监对小如说："这次资料采集虽然你的成绩不是很好，但是不要灰心，你的努力跟勤奋大家是有目共睹的，下次注意。"

第二次开会的时候，小如的业绩仍然是最差的，总监面色稍有不悦，但还是没有说什么。这么努力的女生，虽然业绩差了点儿，但是又怎么忍心批评甚至指责呢？

一次不要紧，两次没关系，可接二连三呢？没有一个老板会因为一个人的善良而原谅员工的不作为。

最终，小如被从销售部调了出去，负责一些行政上的事。

后来我们私下讨论，小如这么一个努力上进的女生，为什么工作上一直没有起色？大家你一言我一语，一些平时我们忽略的细节逐渐浮出水面。

"她总是来得最早，但是大家都到了，她不仅慢悠悠地吃早餐还刷微博。""我有次晚上临时加班，看见小如一边做图表，一边小窗口放综艺节目，就是那次她把数据给搞错了。""上次老板让她做一个部门架构图，她愣是花了一个下午找了几十个模板，其实这种事自己动动脑子，一个小时就做出来了。"

雷军说："永远不要用战术上的勤奋，去掩饰战略上的懒惰。"真正努力的人根本无须大张旗鼓去证明什么，反倒是故作姿态的人最终会露出马脚。时间花在了哪里，究竟是努力还是虚张声势，最后都能看见。

我们身边有太多这样的人：转发了一篇励志鸡汤文，就证明我开始努力了；听了一节付费课程，就幻想自己已经脱胎换骨；制订了一个计划，执行了三天就放弃了。所有的不思进取，都披着"我很努力"的外衣。

人为更加美丽而活

□松浦弥太郎

> 无论到了多大的岁数，只要愿意磨炼，
> 心灵的成长就能透过自己的双眸反映出来。

在所有人的心中，想必都有一两个期待重逢的人。我最想见到的人，是二十几岁时公司的一位同事，大我一岁的C小姐，她是我心目中最棒的女性。

早上我比所有人都早到公司，拖地、擦桌子、倒垃圾、烧水泡咖啡是我每天例行的工作。

不过，我努力的目的可没这么单纯。

我是想要得到C小姐的认可，让她能够经常想到我。

我负责的是杂务，公司里的所有人都算是我的上司，每个人工作的大小事，我只用了不到一年的时间就熟记于心。因此，如果有人突然请假，只要有我在就没问题。虽然我是全公司位次最低的人，但自己总是备妥了综观公司整体业务的视野。

而这一切都是为了C小姐，完全是因为思慕C小姐才能办到的呀！

前几天，在一位老朋友竭尽全力的安排下，我与二十年不见的C小姐终于再次相会。

C小姐比约定的时间早了十分钟翩然到来，当时的我直直地站着，紧张到一动也不敢动，接着我伸出手来与她的手相握。那是如此精力充沛的一双手啊！

"天气这么热，怎么不在店里面等呢？"C小姐嫣然一笑地说道。

过去的事情好像永远也聊不完，一下子就过了三个小时，也到了店家要打烊、我们该说再见的时候。C小姐跟我说："你看起来跟以前一样，完全没变呢。"

其实对我来说，C小姐也几乎没有怎么变。虽然彼此都有了家庭，更巧的是女儿还一样大。

我说:"虽然我们都变老了,但总觉得彼此并没有变化,这是因为心理年龄没有增加吗?那么,所谓的心灵老化是怎么一回事呢?"

我又接着说:"一定有很多地方已经改变了,但眼神的光彩及颜色并没有失去。我们双瞳的光辉与色彩,都打磨得比从前更加耀眼、亮丽,是因为心灵没有老化吧。双眼失去光芒与色彩,也许就是心灵衰老造成的,而人也将会无法成长。虽然说我已经不记得自己当年的模样,却还记得那时候的你双眼闪闪发亮。即使距离今天已经有二十年了,你还是一点也没有改变,双眼一样炯炯有神,正反映出你年轻的心灵。"

心灵的成长,能将自己双眼的光辉与色彩打磨得更加美丽,虽然没有办法阻止身体的衰老,却可以停止心灵的老化。无论到了多大的岁数,只要愿意磨炼,心灵的成长就能透过自己的双眸反映出来。

不管是年岁增长还是心灵成长,都会随着岁月流逝而变得更加动人。我认为人是为了更加美丽而活,也是为了打磨自己的双眸而活。

总有人拼尽全力地活着

□姓氏乔

> 那一刻我们都很窘迫吧，他的秘密被我发现了，而我惭愧于自己方才的怒气。

  楼下小卖部的老板总是对人爱答不理的，说话也含糊不清。每次见到他，他都搬一只小板凳坐在那里，对着一台十一寸的电视机看《还珠格格》。

  我特别不爱去他那儿买东西，别家老板都健谈勤快，哪里像他，除了看剧，别的事情一律不关心。但他家的东西便宜，一盒软玉香烟能比别家少五毛钱，所以爷爷总是差我去他那儿买烟。

  那天爷爷来家里，烟抽光了，又让我去买。我没洗头没洗脸，只好硬着头皮，戴了个口罩匆匆下楼。小卖部老板果然又在看电视。我说："拿包软玉。"他没听见。我敲敲玻璃，桌上的棒棒糖货架震了震。"老板，来包软玉！"他看得特别入神，惊了一下，然后转了过来。我有点着急，指了指烟架："软玉。"他愣了愣，从柜子下取出一包万宝路。

  当时我挺生气的，打心底责怪他不会做生意。我放大音量："软的玉溪！"他点点头，嘴里含混道："哦哦，黄鹤楼。"我摇头，说："软玉啊，玉溪！"他涨红了脸，有点无所适从，嘴里挨个儿报着烟的名字。

  我忽然一怔，终于意识到——他是个聋人。而我戴着口罩，他无法听见我的声音，甚至连辨别口型的余地也没有。但他却没有向我求助，而是努力地假装自己只是没有听清而已。

  那一刻我忽然很愧疚，摘下口罩，放大口型说："软玉。"他立马辨认出来，然后弯下腰，拿了烟。我把钱递了过去，他抽出一张五毛钱给我，匆匆地又把头转了过去，耳根通红。

那一刻我们都很窘迫吧,他的秘密被我发现了,而我惭愧于自己方才的怒气。

后来我总是到他那里买东西,他的东西便宜,质量也好,只是人少言寡语。我终于明白了他一年也没有看完一部《还珠格格》的意义,他只是在反复学习人说话的口型,好让自己能够更清楚地弄清顾客的要求。而我每次结账时,总会想起那天的窘迫。

生活很不容易,上天也很不公平,纵然他已经能够熟稔地辨认别人的口型,但总有一些逃不掉的要用到听力的时刻。那一刻他面红耳赤,窘迫无助,但没有认输和示弱,他嘴里反复念叨着不同烟的名字,其实那是他在努力地维护着自己那一份小心翼翼的自尊。而那一刻的我,从对这世界无情的责怪中猛然惊醒,被生而为人的那份渺小的坚持而深深触动。

人间太荒唐了,但总有人拼尽全力地活着,只为了挽救于万一。

我必须追上去

□苏炳添

> 如果没有对手,我可能不会改变。当时遇到的对手是张培萌。

和很多调皮的男生一样,我小时候也很爱表现自己。初中时,我的座位在靠墙的位置,如果从外面回到座位,我常常不会让旁边的人站起来,而是自己从过道跳到两只凳子的缝隙,然后坐下去。我的弹跳力和灵活性从小就还不错。那时虽然身高只一米五几,但是立定跳能摸到三米二的篮球架上比较高的位置,我记得当时能做到这一点的同学没有很多。那时我也没专门地练习过,更没有想过自己是不是有什么天赋,只是知道如果跑步,我可以跑得很快,但是跑得远不远我不知道。

我作为广东人,和北方人对比来说,身材可能偏矮小一点,但是在运动的灵活性方面可能会强很多。对于短跑来说,身高固然重要,但是灵活性一定要有。短跑需要很强的爆发力,如果不够灵活,听到枪声跑出去的步伐就难以有特别快的节奏。身高和灵活性两个条件都具备并且做到很好的,现在世界上只有一个人,那就是博尔特。其他的运动员要么有身高优势,频率没有很快,要么频率很快,没有身高优势。

在灵活性方面,如果想要有新的突破,需要针对一些更加细节的小动作进行训练。一个很小的动作就会改变向前性,包括下地给予整个身体反馈的力量。我们的教练常常拿着一件衣服作为比喻,跟我们讲一个很简单的动作:他捏住衣服的一个点,那个点是固定的,而点以下是不固定的,不固定的地方,就像我们灵活的双腿。就像太极一样,如果你用蛮力,很容易泄气。

2007年,我18岁,到了广东省队。现在想来,这是我人生一个很重要的转折点。刚到专业队时,我成绩还不错,练了近一年,成绩没有提高反而一直下降,我心里很不好受。为什么经历了很长时间的训练，比赛成绩却退步了？当时我想了很多，甚至不想再练了，教练袁国强让我再坚持一下。他说："你之前不是跟我练习，所以这段时间肯定会有起伏，可能再过一段时间，你的成绩就会慢慢体现出来。"我听了他的这句话，又坚持了两三个月，后来经历了一场比赛，我才真正确定自己要继续走下去。也是在这个时候，我发现，训练方法的不同，会影响跑步的技术水平。如果没有这个经历，我不会有后来的成绩。

在后来的几年里，我取得了一些还可以的成绩。我发现，如果在一个项目中，你一直是一个领军人物，你可能会很安逸，是很难想到要去做出改变的。只有更强大的对手出现的时候，你才会把自己的神经绷紧，才会想到：已经有人超越我了，我要不要追上去？

从跑步技巧上来看，跑60米和100米，我感觉到二者的不同之处在于，60米需要的爆发力更强，在节奏方面的要求没有100米那么细。我的优势是起跑很快，这在60米比赛中很有用，100米如果以60米的节奏去跑，后面的30米或40米会降速，所以需要一个更完整更适合自己身高的节奏。相对来说，100米跑出去以后不仅要快，还要保持时间更长。这个问题一直存在，只是我没去改变。

如果没有对手，我可能不会改变。当时遇到的对手是张培萌。那几年里，我和他在相互竞争中，把百米的成绩推到了10秒。

我出道时，张培萌已经是国内第一。2011年我们同场比赛，我第一次破了全国纪录。我记得张培萌跟我说过他对我印象很深的一件事，2012年，我在日本，他在现场看我跑的100米，跑了10秒04。这件事情给了他很大的震动。

他也做出了改变。2013年，他把自己的成绩提高到了10秒，盖过了我。他让我知道有一个对手存在，我感觉到了威胁。

影响都是相互的。未必是你自觉地要改变，而是在你达到一定的水平之后对于自己所处的位置感到危险时，如果你想要拿第一，你可能会想尽办法把自己的潜力逼出来。有时候，对手不逼你一把，可能你就还是觉得自己已经足够了。你看到别人更强，你也想更强，你就会思考，在自己原来优势的基础上如何发挥更好。

张培萌突破10秒之后，如果我不改变技术，就不可能突破他的成绩。通过什么办法？原来的节奏已经形成一种记忆，难以进步，必须做出一些改变。当时，我也不确定改变之后是否一定能够进步，但我想尝试一种可能性。如果我重新学习，会是一个什么样的节奏？

2013年和2014年，我去美国训练，学习到了很多新东西。我在技术上的突破，很大程度上得益于此。

2014年，我做出的最大改变，是换了起跑腿。以前是右脚在前面，我换成了左脚在前面。这相当于把以前的东西打破，重新学跑步，就好像你一直是左手吃饭，突然变成右手的感觉。我还不知道改变后会不会真的更快，我只是为了得到一个更新的节奏。

后来的事实证明，我的尝试是对的。

张培萌跑了10秒之后，2015年，我把成绩提高到了9秒99。一直到我现在的9秒91。

如果在训练上更早地做出这个改变，是不是可以取得更高的成就？我问了现在的教练兰迪·亨廷顿这个问题，他的回答是"不一定"："很多东西是需要积累的，你这几年经历的东西更多了，体会的东西更多了，才有现阶段的境界，如果很早之前你就跟我练，也许你的心态不会像现在这样。"

现在，我的竞争对象变成了自己。我的下一个目标，就是要突破9秒90的成绩。这是一个大关，就像破10秒一样。因为我是国内第一个破10秒大关的，我也希望自己能够成为第一个突破9秒90的运动员。

中国田径队有"走出去，请进来"的政策，之前，是我们去国外学习。现在，和我同时期的短跑运动员已经成熟了，达到了国际的水平，国家把一些国外有名气的教练请过来直接带我们，针对性更强，可以得到更及时的指导，对一些技术上面的要求也会更仔细。而年轻一些的运动员，还在走出去学习。对于体育运动来说，再高水平的运动员，都会有退出的时候。有那么一刻属于自己，就很好了。更重要的是，我们能够推动这个项目继续发展下去，让国家年轻的一批运动员，看到我们在奥运会、世锦赛、亚运会上做到了一些他们觉得不可能做到的事情，让他们觉得他们继续练下去，也许可以做得更好，让他们看到希望。

在我这些美好而短暂的荣誉背后，也有过痛苦的经历。记得在2009年的时候，我有一次做力量练习不知哪里不对，当天还好好的，第二天睡醒以后，发现自己躺着起不来了，需要别人拉着才能起来。当时，走不了路，睡觉趴着躺着都不行，坐着也不行。这种状态一直持续了三个多月，我以为自己练不了了，是不是要退役了？我看着别人训练，自己很想练，但没法儿练，那段时间挺痛苦的，但我还是挺过来了。

短跑一直被认为是挑战速度的极限。对我来说，人不应该给自己设限，而要看看能不能逼自己做出新的成绩。突破自我极限的方法很简单，就是好好训练。有时你在特别累、特别无聊、特别枯燥的时候，你想一想自己的目标，那就不累了。我的目标就是跑得更快。

你的弯路，

最后都是你的礼物

NIDE WANLU

摔过的跤，走过的弯路，它们会成为使你强大的一块砖，铺在通往梦想的路上。成长是一件不必急于求成的事，所以别太着急，我们都会慢慢变成更好的人。

越过青春的徒劳无功

□沈嘉柯

> 可我心里仍然难受。我付出了差不多20个小时的努力,付出却没有回报,还被否定。

毕业后工作,也有过辗转犯傻。到电台的第一天,主任吩咐主持人,"这个是新来的同事。你做栏目多年,先得你多教教她。"

那位主持人的节目我听过好几年。声音很棒,有很多听众,就是好几年都是老样子,没什么变化也没什么特色。据我所知,一直都是他自己集编、写、主持于一体的。

我想,我要在自己的手上做出新的特色来。

心里固然这样想,嘴巴上还是请他多指教。他跟我通气,"周末要请一位嘉宾,你是做文字的编辑。先写个策划稿子吧!"我笑着点头,这还不简单。

这是个机会,我要发挥自己的本事了。我上网收集资料,调查了一些大学生的热点新闻。并且咨询了几个研究大学生就业方面的专家关于一些职业当中常常遇到的问题。我想,这个肯定有人关注,现在很多人为这个困惑。

节目开播是星期六晚上的九点半。因为时间赶得很急,我忙得不亦乐乎,兴奋得一天一夜没睡好。终于把材料准备齐全,我赶在晚上节目开始的四个小时前,把稿子写了出来。

那天下雨。我因为早早准备好,一直就待在电台等着。

那个嘉宾先到了,我看看手表,她提前了一个半小时。看来她是个细致的人,我有点紧张,她会不会很挑剔我写的策划文稿?

她收拾好东西坐到录音室外的休息处,向我招手,"你好啊,你是我们这次节目内容的编辑吧!你的文稿写的是什么内容,我怎么没接到通知?我们先沟通一下吧！"

我把费了好大劲才做好的策划文稿，用文件夹夹好，交到她手中。她很认真地看起来。几分钟后，她抬头说："你这个不行，太学生腔调了。"

我愣了一下，看了看打印出来的文稿，倔强地回答她，"我不觉得啊！我按照很职业化的方向准备的。"

她显然没想到我会这样回答，表情很惊讶。她看了我一眼，不说话了。我赌气走到一边去，很快主持人也赶到了。外面下雨，主持人收好雨伞，和她热情地打招呼，看得出他们很熟悉。

她跟主持人聊了几句，向我指了一指。然后主持人走过来对我说道："请她来做嘉宾，是有节目安排的考虑。她是一个负责解释情感心理困惑问题的角色，但你准备的却全是职业心理问题，你叫她如何解答。"

我很委屈，头脑一热，不客气的话冲口而出，"您知不知道，我做了一天一夜。"话出口，后悔也来不及了。

但我没想到这位嘉宾居然笑了，她笑着在旁边说："别说一天一夜，三天三夜都不行。"

"你做多少时间，和我念不念你的稿子没有任何关系。你做得再好，也只是你自己的想法。你没有和我沟通，你怎么知道我擅不擅长？至少你也要预先和我打个招呼说明，你准备的是什么节目内容。不然你的问题我一个都答不出来，现场播音时难道在那里大眼瞪小眼，还是等着你临时胡乱问几个问题。"

我付出了这么多努力，却被这样嘲讽了一番，我当场就忍受不了了。虽然没一摔文件不干了，但也还是不管不顾地冲出电台大楼。

"好吧，你不要我的文稿，我看看你们怎么做节目？不就是老样子嘛！"我心想着，那边"on air"的指示标记已经亮了起来。

我在外面溜达了一圈，头发潮湿地回来了。等我回来的时候，节目已经开始了大半个小时，我就坐在外面听着。

然而很出乎我的预料，嘉宾和主持人一问一答，紧凑而细腻，问的和说的话题，我自己也感觉是很让人关心的。其实嘉宾已经很客气地对我了，我撇开她写策划文稿，她并没有直接指责训斥我，也是好好地跟我说这件事。

我的脑袋里还出现另外一种场面：如果是念我写的文稿，嘉宾一问三不知，勉强瞎回答，听众不知所云……天气不热，我的额头居然冒汗了。

节目的末期，外面打进热线的人一个接一个，还有好多电话等待着想要和嘉宾聊一聊。在她举重若轻的解答里，纷纷以"谢谢"结束。

可我心里仍然难受。我付出了差不多20个小时的努力，付出却没有回报，还被否定。被否定不说，还是被这样悲惨地否定。

等到他们做完节目一起出来，我先跟主持人道歉，"对不起，事前没跟您做好沟通。"他摆摆手说："算了，下次注意，倒是你该和咱们的嘉宾说一声对不起。"

我看见女嘉宾到休息室休息喝水。我张了几下嘴巴，终于对她说出口，"您的谈话和解答真好。"

她客气地笑了："谢谢你的赞扬。"

多年后，我才深深地认同，职场就是这样，只看结果，少提过程。新人尤其喜欢计较付出，力下了不少，工作也干了很多，但是成绩不怎么样，做出的东西不能够让上司满意，受到了批评，心里就充满懊恼和怨念。

可惜无用功就是无用功。这个时候，如果不断强调辛苦的过程，其实更加让上司瞧不起。老板是关注结果的，过程是员工关注的。说职场势利残酷无情，真的是天真幼稚病。

越过青春的徒劳无功，得觉悟。要么独当一面，然后自己独立，可以去做自己喜欢做的事。要么，学会和同事一起合作。

哥伦布为什么伟大

□ 杨　照

> 老实说，哥伦布的成就，只有一个诀窍，那就是"误打误撞"。

"正统"的解答，我们会从历史课本里得到的解答，应该是：哥伦布不受自己那个时代的迷信所拘执，坚持认为地球是圆的，所以才能找到一条向西走到东方的航路，而且他勇敢地将自己的想法付诸实现，终于发现了美洲大陆。

不过如果稍后深入查考出土的原始史料，简单的"正统"解释，会需要蛮多附注说明的。例如，哥伦布阅读《马可波罗游记》，完全相信游记里所描述、形容的那个华丽、丰饶的东土，深深迷恋马可波罗笔下的中国与日本，所以才立志要找到一条比较方便能够去到远东的航路。

哥伦布一生4次西航，每次都在今天的美洲大陆登岸，可是不管别的航海家、制图者如何说明，他始终坚信自己已经到了亚洲。

他为什么如此"铁齿"？

因为他实在不是个太好的航海家，甚至不是一个合格的航海家。与"正统"的解释相反，15世纪末期欧洲出现了专业航海、制图圈，在这个圈子里的人，大家都确认地球是圆的，换句话说，大家早想到，也都同意，由欧洲出海向西航行，是可以绕着地球到达东方去的。理论上知其存在，却没有人起航去证实，理由是：这条航路太遥远了，受到当时航海技术的限制。

误打误撞的哥伦布

那为什么哥伦布敢去？因为他的地理计算太差了。当时一般欧洲地理相信：欧亚大陆横贯占据地球球面的一百八十度（事实上只有大约一百二十度），如果要从欧洲最西边出发，向西到达亚洲的最东边，就要航行地球一半（一百八十度）的距离。这个距离，不可能是当时只有八十英尺长的远洋船所能负担的。

哥伦布却不接受别人的看法。他主张：从《马可波罗游记》可以推断出日本在中国东方三十度。

再来，如果不从伊比利亚半岛出发，而是从加纳利群岛出发的话，航程可以再减九度。他又自作主张认定原本对欧亚大陆面积估计太小，最后算出来，只要航行六十度，地球圆周的六分之一，就能够从欧洲去到日本。然后他还混淆了英里和海里的长度，东算西算，认为只需航行两千七百英里就够了。今天我们确切量出来的距离，从加纳利到日本最东缘，是一万三千英里！

秉持着错误的信心，哥伦布才敢出发，也才争取到西班牙王室的支持。航程很远，哥伦布船上的船员很恐慌，一直看不到陆地让他们心生恐惧，甚至开始怀疑船会不会航行到世界的尽头，"咻"地就跌入无底深渊。哥伦布为了安慰其他船员，特别搞了两本航海日志，一本放在外面，大家都可以去翻，另外一本私藏在船长室里，只有他能看。外面那本日志上，哥伦布刻意写"假"的航程距离，大概只有写在私密日志上"真"的距离的一半，这样船员们就不会觉得：怎么走了那么远，都没看到一片陆地呢？陆地在哪里？

用这种方式欺骗船员，蛮聪明的，只是后世计算发现，其实哥伦布误以为的"假"的航程距离，远比私藏的"真"的航程距离接近事实。"假"才是"真"，"真"反而是"假"啊！会搞这种乌龙，因为哥伦布根本无法正确使用当时最先进的仪器，他甚至在陆地上都测不准自己的所在位置。例如，他去到古巴时，测出来的纬度是北纬四十二度，拜托，北纬四十二度已经比纽约还北了！

老实说，哥伦布的成就，只有一个诀窍，那就是"误打误撞"。他绝不是像"正统"解释那样天纵英明，走在时代前端发现真理。当大部分航海家和地理学家都相信地球是圆形时，哥伦布在航程中，竟然还自以为发现了"地球的乳房"。在今天的委内瑞拉附近，他觉得海水隆起，北极星看起来偏离了位置。他相信航行到"乳房"顶点后，船会接着滑下来朝地球的肚脐眼去，而那里，应该就是想象中"天堂"藏着的地方了！

那个时代的欧洲航海家、地理学家，以为北半球就只有一块欧亚大陆，没人想象到欧亚大陆的背面，还有美洲大陆。哥伦布真正的贡献，是发现了美洲大陆，矫正了错误的观念。可惜的是，哥伦布却从来没被自己的发现说服，继续坚持自己已经到了东方、到了日本或中国或印度的东缘，他的发现改变了整个世界，偏偏就是没有改变他自己。

历史并不那么有条理

这样一个人,秉持着多种错误的概念,懵懂地误撞出了历史的新页。几百年后,等他所制造出来的局面尘埃落定了,后人回头去书写他的事迹,却将他改写成了一个聪明、勇敢、冷静、执着的人。

真正的人间,往往是混乱、复杂、带点盲目冲动而产生变化的。但这样的人间,一旦被写成历史,就被改造得有条理有秩序,还有许多先知与英雄。历史课本之不可信,就在于那是历史最简化的形式,而简化的规律公式,几乎无可避免地排除混乱、复杂、误打误撞的因素,凸显不真实的少数先知英雄智慧。

见墓如面

□阿 冷

> 作为一个更倾向于无神论的人，我常常觉得，墓园其实是为了生者而设。

在旅行中，我喜欢去看墓地。

西方人的教堂往往有墓园或者墓堂。最特别的一个教堂，是捷克的人骨教堂，位于布拉格以东约70公里的小镇库特纳·赫拉。14世纪的黑死病和宗教战争导致欧洲尸横遍野，传教士们为了安慰亡灵，带人搜集了遗骸，清洗整理后用来装饰教堂。于是，就有了这座人骨教堂。

几百年的时光，人骨并未腐朽垮塌，给人的感觉不是腐烂和黑暗，而是整洁并精致，满足了我作为一个处女座强烈的秩序感。烛光下，人骨组成的灯架、盾牌和墙饰很是别致，甚至有俏皮之感。对于有信仰的人，无论是教堂建造者，还是这些遗骸自身，这里一定是通往天堂最近的路吧，这样的路理应没有恐怖，充满笑声和歌声。

在意大利比萨，游客们对着斜塔摆出各种姿势照相，我倒是对斜塔旁边的纳骨堂一见倾心。这是座长方形回廊建筑，白色大理石，镂空式大窗格，阳光随意泼洒进来，仿佛一曲轻松的小步舞曲。

其实要论西方教堂陵墓，位于佛罗伦萨圣洛伦佐教堂的美第奇家族陵墓是最伟大的，没有之一。这里所有雕塑都出自米开朗琪罗之手，虽然没有完全完工。面对以《昼》《夜》《晨》《暮》命名的四座雕塑，会觉得从大理石中诞生的人物充满生命的复杂和彷徨。这是艺术史上的巅峰，以我微薄的见识，不敢造次去论述和评价。

据说，佛罗伦萨诗人乔凡尼·巴蒂斯塔·斯特罗茨见到《夜》后，写下了一首热情的诗："夜，为你所看到妩媚的睡着的夜，那是受天使点化过的一块活的石头；她睡着，但她具有生命的火焰，只要叫她醒来——她将与你说话。"米开朗琪罗读后尤为伤感，用另一首诗作了酬答："睡眠是甜蜜的，成为顽石更幸福；只要世上还有罪恶与耻辱，不见不闻，无知无觉，于我是最大的快乐；不要惊醒我啊！讲得轻些。"

米开朗琪罗本人的墓堂，却没有这种百转千回的感觉。他的墓位于佛罗伦萨圣十字教堂，与但丁、伽利略、马基亚维利、罗西尼等同居一室，墓雕由他的学生瓦萨里设计。我一直在想，瓦萨里在设计的时候，是不是压力山大，弄得不好，老米会从石棺里蹦出来大骂吧。

估计瓦萨里也是这么想的，所以本着中规中矩不出彩也不要出错的宗旨，替老米刻了个胸像，以及三个人物雕像，分别代表老米在绘画、雕刻和建筑上的艺术成就。看上去，真的蛮平庸的。

不过也不要紧，梵蒂冈西斯廷小堂，在末日审判的群像中，老米在一个不起眼的角落里悄悄留下了自己的自画像。

我的一位好友是作曲家，她曾独自去拜访在奥地利的莫扎特墓，坐了很久，跟墓主对话，她说："你知道吗，因为你，造就了我的音乐人生。"

作为一个更倾向于无神论的人，我常常觉得，墓园其实是为了生者而设。亡者已经烟消云散，无知无觉，是荣光大葬也好，挫骨扬灰也好，都没什么区别。是生者需要这些，来弥补失去和抚慰伤痛。当人们站在一块实地上纪念凭吊时，才能确认那些过往真实存在过，也才可以更镇定地面对每个人终将面对的命运。

我所见过世间最美丽的墓，是奥黛丽·赫本的墓。

瑞士莫尔日是一个安静的小镇，奥黛丽·赫本最后的居所。只知道她的墓在小镇附近，但不知道在哪个方向，于是跑去问路边三位老人。

三位老人很和气也很热情，只是他们完全不懂英语，我们完全不懂法语，欢快地聊了半天，谁也不知在说啥，彼此唯一听懂的就是奥黛丽·赫本这个名字。同伴亮出手语大法，做了个睡觉的姿势，又做了个掩埋的姿势，老人家们恍然大悟，其中一个指着一条街的方向，往前一伸胳膊画了条直线，又使劲画了个圆圈，然后做了个斜上方的示意。我们还是有点茫然，他只是反复做这几个动作，我们只好假装完全明白了，顺着他指的方向先走着。

走到路尽头，我们俩哈哈大笑起来。原来圆圈是环岛，环岛过去就是来时汽车上看到的那个小山坡，斜上方自然就是爬上这个山坡。墓园就在那棵树边。推开低矮的木栅栏门走进去，奥黛丽·赫本墓很好找，墓地上的小天使像和墓前的鲜花是如此醒目。她的墓很朴素,只有名字和生辰。《罗马假日》里的"公主"就长眠于此,见墓如面。

晚上在莫尔日小镇上的中餐厅吃饭。老板娘是一位华人阿姨,很亲切,我们点了很多菜,被她制止了,一再说你们吃不了。阿姨来瑞士几十年了,说80年代末的时候在超市见过赫本一次,我们赶紧问她怎么样怎么样。

虽然时隔那么多年,阿姨依然有点激动地说:"风采无可抵挡!"我跳起来说:"阿姨,我们要跟你合个影!见不到赫本,见到你也好幸运。"

在《夏日走过山间》一书中,约翰·缪尔这位美国国家公园之父在约塞米蒂流连忘返,在自然的风貌和树木花草的荣枯中,欣赏着"如生命般美丽的死亡"。我觉得,参观墓地也有如欣赏这种美。生如夏花,逝如秋叶,就如同大自然本身。

穿碎花裙的胖姑娘

□微酸袅袅

> 我抗拒往仪器上一站,机械冰冷的女声报出那个可怕数字的瞬间。

我很爱在故事里设置女胖子减肥成功的情节。

可遗憾的是作者本人我,身为一个一直有体重烦恼的女生却没有真正成功过——梦想是瘦成一道闪电,但梦想一直是梦想,我最瘦的时候也不过是"不胖"。

年少时因为对自己的粗腿感到自卑,我有好几年没有穿过裙子和短裤。中学时的夏天,我最常见的打扮是上身穿夏季的短袖校服,下身是秋季校裤。

中考前学校模拟测八百米长跑,班主任特别郑重地叮嘱:"你们明天跑步都要穿短裤,那样阻力小,容易出成绩。"

这条"指令"让我在家里纠结了一夜,第二天虽然听话地穿了短裤,但在外面加了长裤才去体育场,临上跑道前才不情不愿地脱掉。

现在想来应该根本没人会在意我的腿是粗是细吧,可那时的我心里就是别扭极了。

青春期的我还非常讨厌体检。

我抗拒往仪器上一站,机械冰冷的女声报出那个可怕数字的瞬间。

有一次测完体重我忍不住地自我唾弃说:"我真胖。"

医生伯伯笑眯眯地安慰我:"不胖不胖,你长得高嘛。"

可我一点都不相信这种安慰,深深地沉溺在自己是个"女壮士"的悲伤里。

到了大学就没有校服穿了,夏天的武汉就像一个巨大的蒸笼,在太阳底下站五分钟就会浑身湿透。而那时的我无惧中暑的可能,无比坚持地每天穿牛仔长裤去上课。

牛仔裤又闷又热，也不会让我看起来瘦一点，但有着鸵鸟心态的我觉得这样穿才安全——它可以保护我的粗腿不被赤裸裸地暴露在众人目光里。

令我震惊的是好像也有女生完全不在乎这些事，比如P。她和我住同一栋寝室楼，因为每周有几天排课时间一样，所以我们常常能遇见。

P似乎比我还高一些，体型更魁梧一些，面相充满男子气概，可她很自然地穿着坡跟凉鞋和大号的碎花连衣裙，打着遮阳伞慢悠悠地走在校园里。在一群纤细的同龄女生中她像个突兀的惊叹号，但我永远不会忘记她身处其中时自信又淡然的神情。

我暗暗佩服她的勇气，同时阿Q地安慰自己：其实你也还好嘛——我很没出息地把她当作心理上的"垫背"，以此来鼓励自卑的自己。

大四快毕业时的某天，我在学校的超市门口又和她打了个照面。我突然发现她虽然还是那么高高大大的样子，但整个人的气质柔和下来，碎花裙和高跟鞋在她身上不再突兀，反而增添了女人味。

简单来说，她在没有明显消瘦的情况下竟然变美了！

我在那个刹那意识到：正能量的自信心真的是有魔力的，它会带你走向你曾经只能向往的地方。

或许有些胖姑娘因为种种原因一辈子都无法成为一个瘦子，但我们不能因此而一辈子不敢试穿那件很想穿的漂亮衣衫，更不能一辈子都没有做过最想成为的自己。

那个穿着大号碎花裙子、坡跟凉鞋的姑娘用她真实的变化告诉我一件事：不要沉溺在自己的缺点里自怨自艾，不要害怕出丑或者失败——要么改变，要么坦然接受。

其实出丑和失败都没什么大不了，永远躲在"害怕"的壳里唯唯诺诺，不敢挣脱出来做最勇敢的自己才最让人沮丧呢。

从那天之后我不再刻意隐藏自己的粗腿，会在炎热的夏天穿短裙、短裤，还会迈着我的粗腿去海边玩水，去泳池游泳——我比从前更爱夏天，也比从前更爱自己。

在我的认知当中，失败很重要

□大　冰

> 在我的认知中，有一个词非常重要，这个词叫作"阅历"。

我需要做一下自我介绍，但这是个难题，我该怎么向你们介绍我呢？我是一个主持人；我还是一个民谣歌手；我开酒吧，是一个酒吧掌柜；我还开过羊汤馆；我还是一个业余皮匠；还是一个业余银匠；哦，我还是一个作家。但是今天站在这里，我非常希望你们这样认知我：他是一个失败者，是一个犯过很多错的人。

在我的认知当中，失败很重要。如果你不去犯错，不去体验，不去尝试，你永远都不会获得属于你的那个标准答案。

我犯过以下几个大错误。

十六年前，那个时候我是一个学美术的大学生，专业主攻的方向是风景油画，以专业第一的成绩考进了艺术学院，但我选择去犯一个错误，因为我意识到这样一个问题，很多问题我想不明白，比如，为什么当我上了大学，我选择了一个专业，这个专业它一定要变成我的事业。生命既然是用来发现和体验的，为什么不能过得稍微丰富一些呢？我这么年轻，我能不能去尝试一下？所以我拿着学生证，推开了一家电视台的办公室的门，我说我想来这里上班，人家说很好啊，你想当什么？我说我想当主持人，当时我普通话水平相当差。他们说很好啊，小伙子很有志气，然后他们安排我当了剧务，负责买盒饭，接下来我当的是美工师，负责做道具，再接下来是摄影师、导演，再后来是制片人，几年之后他们发给我一张聘书，上面写着一行字：首席主持人。这个错误是在十余年前犯下的，在我的认知当中，我一直在琢磨这样一件事情，我可不可以尝试着多去体验一下这个世界，所以那个时候我选择了另外一份职业，一边做着主持人，在一个世界中在屏幕当中与观众相伴；在另外一个世界,我是一个流浪歌手,我背着乐器,一路行走,过去的十几年我走遍了整个中国,最远到达了喜马拉雅山脉的珠穆朗玛峰。旅途中我受过一点伤,断过几根肋骨、几根手指。但是我不后悔,很有意思啊,因为它让我成长了,它让我知道世界是怎样的,它让我发现原来身边还有那么多有意思的人,而且这些人都在主张着不一样的幸福感和生活方式。

  我还犯下一个错误,这个错误就是在去年犯的,当时我跟别人讲:"你看,这些年我犯了很多错误,但这些错误都让我自己成长了,我非常希望把这些错误写成一本书。"他们说你也可以写书吗?我说写,写就写嘛,因为在我的认知中,有一个词非常重要,这个词叫作"阅历",这也是古往今来中国人评价一个人成熟程度的一个重要标杆。"阅历"啊,"阅"——阅读,读书;"历"——游历,行走。再往下拆解,什么叫"阅"?有质量的信息量索取。那么"历"呢?有质量的人际沟通交往。换言之,有质量的信息量索取和有质量的人际沟通交往二者相加,才能构成一个不断成长的心智健全的自然人。而我过去那些年犯下的这些错误,让我攒下了很多故事,我希望把它们分享出来给大家听,然后我就写了一本书,卖得还行,我想把书中的几句话与大家分享一下,首先第一句"没有什么比年轻的时候,认认真真犯错更酷的了"。想不想酷一下?另外一句话叫作:"我知道你是普通人,我也是普通人啊!但是你知道吗?这个世界上大部分的奇迹只不过是普普通通的人们将心意化作了行动!"

冰激凌与阿基米德

□ 熊秉元

> 他不只是在做事、做人，他还一直在动脑筋，希望把事情做得更好。

这个学期，轮到我安排演讲课程，为大学部的学生们邀请嘉宾。我有意打破惯例，不以经济专业和学界为限，而是向各个领域伸出触角，三人行而有我师也。

当初邀请"沾美西餐"的董事长陈登寿，是因为我们认识多年来，他讲的两个故事长留我脑海：他曾到德国学习餐饮，在酒吧工作和实习。等他离开德国时，竟有两三个德国友人到机场送他——对生性方正内敛、自尊自傲的日耳曼人来说，这可不是件寻常的事。他回台北后，将餐饮事业愈做愈大，涉外的很多宴席和酒会，都请他安排。

因此，我直觉上认为，请他给同学们做演讲，该是件有趣的事。没想到，他讲的故事不只有趣，简直是令人着迷和惊叹。

高中毕业后，他进入职场，在餐饮业打拼，在业内渐有声誉。然而，他毅然放弃高薪，争取到去德国学习餐饮的机会。在等待签证的几个月空当里，他到西门町看电影，发现观影者人手一个冰激凌。他觉得闲着也是闲着，卖冰激凌也不错。所以，他在电影院门口的角落，弄了个小摊位。

冰激凌一个球8块钱，买的人多，但是要找钱很麻烦。他开始动脑筋，怎样才能增加周转率。他想起初中学到的数学知识，球体的体积是4／3圆周率再乘以半径的立方。用5号冰激凌勺，一升可以挖200个球左右；用小一号的勺，却可以挖400多个球。可是，在外观上，两种冰激凌球的大小相去不远。因此，他就推出前所未有的"两球十块钱"，既不用找零钱，顾客又觉得实惠，结果大发利市。

两三个月之内，他这个新手的业绩，就遥遥领先全台湾其他七八百位同行——

两个月可以赚八九万元,当时可以在新店买一栋房子!他当然可以继续卖冰激凌,数钞票。但是,他背着行李,一个人飞到人生地不熟、几乎是另一个世界的德国。到德国之后,他在酒吧里任职,重新开始摸索。因为细心、耐心又勤奋,所以很快又闯出一片天。

当然,他一直睁大眼睛,竖起耳朵。他发现,每个月总公司都会派人来盘点。通常一瓶酒的容量为20.4盎司,可以倒18杯左右。盘点时以目测估算酒的存量,再和营业额查核是否相当。目测起来费时,且不精确,又干扰正常营业。陈登寿左思右想,想起初中物理的"阿基米德定理"——酒瓶加酒的重量,减去瓶重(固定),就是酒的重量。因此,盘点时只要把酒瓶往秤上一摆,很容易就能掌握瓶里的酒量。

他用不甚流畅的德语,和负责盘点的犹太人比画,口里不停地重复"阿基米德、阿基米德"——他专门打长途电话回台湾,请教过朋友这个名字怎么发音。

犹太人半信半疑地走了。两周之后,他被请到总公司做简报。他忐忑不安,怕德语词不达意。可是,当他踏进会议室时,公司的所有高层都站起来,向他鼓掌致意。

陈登寿的故事可以做很多引申,其中之一当然是他的工作态度——他不只是在做事、做人,他还一直在动脑筋,希望把事情做得更好。

"沾美西餐厅"是台北最早的一家西餐厅。那儿的牛排好吃吗?我不是美食家,不敢置喙。但是,我知道,陈登寿的故事很好听,陈登寿这个人很值得尊敬。

我在北欧当公务员

□嘉 倩

> 尽管遇到一些挑战，但总体而言，在这里工作最大的感受是轻松。

2017年6月，拿着技术人才工作签证，我开始在冰岛雷克雅未克市政厅上班，任职于当地旅游局。

作为政府咨询柜台服务人员，我的职责是每天接待世界各地游客，回答关于冰岛的信息。简言之，纯聊天是我在冰岛赚钱的方式。

上任前，局长和我说过，这个柜台的职责是提供帮助。我们作为雷克雅未克的主人，当对方求助时，尽我们所能，告诉对方真实的信息，不需要官方语言，不需要贩卖任何商品，实实在在地给出有用的回答就行。

原以为容易，上班了才发现其中的挑战：奇怪的博物馆，再冷门都有人来问；不论维京节、西人岛节、冰岛马节还是黄金圈周年庆典，再小众的活动也总有人想参加；从雷克雅未克主街上最受推荐的文身店铺，到美术馆正在举办哪个艺术流派代表的画家展览，以及冰岛足球队训练场地的位置、他们日常如何训练……千奇百怪的问题，无所不有。

即使上网也总有搜不到的信息，我们更不可能对冰岛方方面面的事情都知道，况且我不过一年多前才搬来。如果坦白说不知道，这样又不专业，于是每每遇到不知道的事情，我总老实告诉对方，答案是网上搜的。

偶尔太多人排队，来不及搜索，倒也有几回凭想象力回答，比如我想象中的西峡湾偏僻遥远，每个镇大约才五十个居民，人人都有一到三辆车，应该没有公司会运营使用率极低的公交车，于是我得出结论，西峡湾没有公交车。直到给西峡湾旅游局打电话，才知道那里是有公交车存在的，不过需要预约和确保最低出行人数。

由于提供帮助这件事无法量化，我问局长究竟怎样算是成功帮到了别人，她表示，让对方感受到你已经尽全力了就行。因此，当有游客拿着网上流传的故事来求证，像是冰岛的精灵协会能否算命通灵，或某个流行歌手是否在某个酒店住过，为了尽全力帮助对方，我会硬着头皮打电话去求证。

"说老实话"还让我成了冰岛各界的专业拆台者，比如游客来问秘密温泉值不值得去，由于遵照局长指示——说出个人的想法，只要是诚实的就行，我总告诉对方，这个温泉不过是老游泳池，没什么神秘的，如果想要感受冰岛的温泉文化，市中心大教堂附近的游泳池就行，门票也比旅游景点便宜得多。

尽管遇到一些挑战，但总体而言，在这里工作最大的感受是轻松。上班第一天，大家跑来一个个自我介绍，问我习不习惯被叫英文名字，让我教大家念我的中文名。由于我常常喝热水，同事纷纷围观，并贡献各自的茶包。上班穿衣也没有硬性要求，局长还鼓励我们穿欢快的颜色，她本人就爱穿姜黄色的童趣毛衣。

或许因为这份工作相对轻松，旅游局团队十多名员工从而都有想做且正在做的爱好。从小立志成为冰岛碧昂斯的维迪冬天要去好莱坞；古德荣是表演艺术家，刚从丹麦巡回演出回来；爱吃比萨的加比，虽然大学读的是旅游专业，但对于旅游业和赚钱不太感兴趣，立志要做与环保和公益相关的事业……

此外，由于工作性质，做公务员能带来一些极具吸引力的额外福利。入职第一时间，我获得了带有自己名字的雷克雅未克政府邮箱，通过它，可以自行发邮件去那些想去的美术馆、博物馆等，并且常常会收到活动邀请函。

冰岛所有的旅行团，也都可以自行发邮件免费参加，骑马、浮潜、冰川徒步……起初我有些害羞，不好意思发邮件索取，但局长鼓励我们，为了给游客提供有用的信息，一定要多参加、多感受，于是近两个月，我在不值班的时候，基本把没玩过的项目都参加了，没去过的角落都填补了。

在冰岛，吃饭和买衣服一样，贵到令人发指，我来这里一年都没怎么舍得下馆子。没想到这份工作的惊喜之处是，作为信息柜台的工作人员，我们也会收到雷克雅未克各大餐馆的免费品尝邀请，同时受局长鼓励，我也会主动发邮件询问是否能够前往体验。工作到现在，每周我都会尝试三家没去过的新餐厅。

谢谢你,人生中第一场暴击

□ 曾 颖

> 输在起跑线上与被排斥在起跑线外,是完全不一样的。至少前者参与过竞赛,而后者连参与机会都没有。

初中时代,我是一个如假包换的学渣,学习成绩总是在班级倒数排行榜的前三位,数理化、史地生,每科成绩都"渣"得让老师不想承认教过我。其中,又数英语最糟,毫不夸张地说,如果试卷是全英文的,我甚至不知道名字该写在什么地方。

老天爷为人关上一道门时,必然要为其留一扇窗。在为我关闭了所有的门之后,给我留了一条小瓦缝,那条瓦缝,就是语文——确切地说,只是作文。我的语文基础知识,拼音组词、文学常识、划主谓宾定状补,一如我的其他学科一样,烂得惊天地泣鬼神。

我写作文的"天赋",来自从小就养成的爱说话的毛病。我那信奉"沉默是金"的父亲,经常苦恼于我那张"把麻雀都能哄下地"的小嘴。也许是见过太多的祸从口出,他对我充满担忧和焦虑。当然,这对于我性格的改变也没什么作用。倒是有一段时间,社会上流行高仓健的范儿,女生们觉得男人应该刚毅沉默才酷,于是我咬牙切齿地学人家不说话、只瞪眼。结果没引来女孩子关注,倒差点憋出内伤来。

我写作的另一个优势,来自对小人书的迷恋。这在当时也不是什么优点,特别是在我那教数学的班主任看来,这简直是十恶不赦,他认为我身上所有的毛病,都与之相关。

爱读课外书且喜欢说话,让我写的作文,尽管常有错字别字,卷面也不怎么整洁,但总能引起语文老师的关注和喜爱。从小学二年级有"看图说话"开始,教过我的语文老师，总爱把我写的文字当成范文念给同学们听，哪怕是检讨书，都能得到满意和赞许的眼神。这是我得到过的与学习相关的不多的喜悦，像星光一样散乱微弱，我却将它当成骄阳。

仿佛阿Q被众人夸"真能做"之后的得意，我对自己的作文，是有点飘飘然的。就像家里仅有一件银器的穷人，总是将银器擦得油光锃亮，随时想拿出来"亮瞎"别人的眼睛。殊不知，这样的货色，别人家里成筐成堆，连擦拭的兴致都没有，更遑论炫耀。

那些日子，我就像哈利·波特坐在看得见自己梦想的镜子前，被自己想象中的虚幻影像迷醉着，忘记除了作文，还有别的学业。仿佛是一个偏食的小胖子，除了大汉堡，什么都不吃，任由自己变得臃肿而扭曲。

就在这个时候，我迎来了人生中第一场暴击，其冲击力度，至今想来，还隐隐有牙痒之感。

那是初三上学期，学校要举行一场作文大赛，为全县中学生作文大赛选拔人才和作品。如果换成别的比赛，我甚至连打听的兴趣都没有，因为那都是别人的菜。

但作文不一样。因为有过几次作文被当成年级范文的经历，我理所当然地以为，这场比赛，就是为我设的一个擂台，我要在上面拳打少林、脚踢武当，成为一个独孤求败的英雄。

比赛的日期一天天临近。

但班里的气氛并不浓烈，主要原因是语文老师出差了，班主任对此事没有足够的重视。直到比赛前一天，他才在班会上轻描淡写地说了这么一回事，然后叫了几个人的名字，让他们第二天带上笔到学校礼堂去参加作文比赛。其口吻，就像是让人带上扫帚去参加一次例行的义务劳动。

那几个人的成绩在班上算是靠前的，但论作文没一个能令我服气的。我像一个满以为能稳得冠军却连入围资格都没得到的选手，悻悻然有一种强烈的受挫感，心里只有三个字：不公平！

输在起跑线上与被排斥在起跑线外，是完全不一样的。至少前者参与过竞赛，而后者连参与机会都没有。

在羞愤与不平中，我度过了煎熬的两天。不仅要忍受自己内心的不平与不服，还要承受同学们动机不明的问询和安慰。这个时候，所有的关切，在我眼中都是一样的阴损和不怀好意。我的眼睛像戴了一副墨镜，将整个世界都看得暗淡而丑陋。

作文比赛如期举行，学校大礼堂里摆放着临时从各班抬去的桌凳。上百个从全校选出的作文达人，得意扬扬地去参加比赛。他们也许并不那么得意，是嫉妒与醋意，让我觉得他们一个个都可恶得脸上洋溢着春风。

我像一匹孤狼，用阴冷的目光看着远处由喧哗到安静的赛场，像看一群笨拙而愚蠢的小羊。世界上最蠢的人，就是那种以为自己聪明而别人是傻瓜的人。但当时的我，并不知道这个道理。我只是在心里暗暗发狠："看你们写得出什么像样的东西！"

那是我人生中第一次体验到时间可以过得极为缓慢。我在礼堂对面的篮球架和花台之间晃悠着，尽量装得若无其事。而我的内心充满愤怒与不平，总觉得此时此刻，天下所有的不平，都实实地砸在我弱小的肩上。我感受到了被孤立和被抛弃的感觉。这种感觉，我在5岁时体会过。那一天，邻家的叔叔做了一架秋千，挂在屋梁上，让除我之外的所有孩子，尽情地玩耍。我当时羞愤异常，用拳头，对，是拳头，砸了他家的玻璃窗。愤怒，让5岁的拳头充满难以想象的破坏力。

在礼堂外坐立不安的我，看别人比赛的心情与看别人荡秋千时没两样。我也曾想去搞几个马蜂窝或几坨牛粪扔过去，或在不远处扔颗石子或搞个什么响动，但都没干。并不是13岁的我比5岁的我多了多少法规和纪律意识，而是周围太空旷，作案之后跑不掉。被抓住了，受处分甚至被家长揍事小，被别人知道了我的在乎和恼羞成怒，才是最难受的。

我才不让他们知道我在乎呢！

我背起书包，气呼呼地冲出校门。但我的眼睛，似乎已丢落在礼堂里了，不论走在哪里，眼前都是同学们奋笔疾书的场景，以至于妈妈做了我最喜欢的红烧连肝肉，也被我无视了。

那晚，我心里乱糟糟的，总觉得不搞出点什么就心绪难平。我撕掉了心爱的小人书和作文书，将它们点燃，任风将它们吹成一只只愤怒的火鸟，险些惹出一场火灾。惊魂未定的邻居向我妈投诉。一向信奉"黄荆条下出好人"且容易愤怒的妈妈，这次却粗中有细地看出了反常——我毁的都是自己最心爱的东西，这表现跟生无可恋的绝望者很像。

她苦口婆心地问了半天，我挤牙膏似的道出原委，并且咬牙切齿地发誓，从此再也不写作文了，反正也不受待见。

妈妈笑了笑，说："世界上有两种人，一种是别人瞧不起他，他就破罐子破摔地干蠢事，让人更瞧不起；另一种人则是，你瞧不起我，我偏不让你说中，我偏要活成与你的误解和敌意相反的样子。这是蠢人和聪明人的区别。你今天的表现，很像前者……"

依我妈的知识和见识，这段话完全是超水平发挥。我甚至认为，这是冥冥中哪位想让我明白这个道理的神灵,借妈妈的口把道理讲给我听。很幸运,这些话没像妈妈说的别的话,成为我的耳旁风,而是流入我心中,生根发芽,成为我的人生观。在此后的大半生里,每当我遇到此类事情,这些话就会闪现于我的脑海。

那天,我没继续烧书,也没放弃作文,而是凭记忆把礼堂黑板上的作文题目写下来,卡着时间不翻资料,认认真真地写出一篇来。星期一交给语文老师,请她斧正。她当时正在为自己出差没来得及安排作文比赛名单,致使本班竞赛颗粒无收而极为恼火,一看我的作文,才稍感安慰,她摸摸我的头以示鼓励。于我而言,这比得了奖还开心。

事后回想,班主任作为一名数学老师,对全班五十几个人的作文水平不了解,是正常的事。我的被忽视,并不是什么刻意而为的不公平和被歧视,而是因为自己还没有优秀到不容忽视的地步。要想不被班主任忽视,最重要的是把总成绩提上来。那段时间,我比任何时候都努力,稍有松懈,就会想起那场作文比赛和妈妈的那段话。那学期,我取得了历史性的进步,从第53名,上升了36位,成为第17名。除了英语和数学欠债太多积重难返,其他科目,居然奇迹般地及格了。

后来,班主任让我在班会上交流学习经验,我红着脸支吾了半天,什么也没说出来。

暗 语

□侯拥华

> 每天晚上八点钟，准时拨通一个电话号码，让它响三下，然后很敏捷地挂掉。

因为一次意外的车祸，我住进了市医院的外科病房。就在我准备出院的前一天下午，病房里又住进了一位病友。

护士把他抬放在我对面的空病床上。我看见他的头部和手臂都裹着白色绷带，昏迷中他脸色煞白，活像一只刚刚蜕了皮的蚕。

天快黑的时候，我到医院的食堂里美美地吃了顿晚餐，然后，回到病房休息。

"大哥！回来了？"一推门，就有一个陌生的、外地口音浓重的年轻声音和我搭讪。

我笑了笑，看他。原来是那个下午刚刚住进来的病友。"醒了？兄弟。你这是怎么弄的？"我礼貌地回应他。

听了他的诉说我才明白，原来，他是个民工，半年前，还在家乡读高中。高考落榜后，他就随村里的男人们出来打工了。他的运气实在不好，刚到工地上班两个月，就从脚手架上掉了下来。幸好，在半空中被拦截了一下，这才保住性命。

他吃力地诉说着，稚气的脸上始终带着微笑，语气中甚至还带有一种调侃的味道。他说着说着，突然停下来问我时间。我问他："有事吗？需要我帮忙？"他笑了笑，有些不好意思。

他指了指他床头放着的"工作服"，说："这里面有我的手机，帮我取出来，等到八点的时候，我想给我妈打个电话。"

我说："我替你打吧。"

他说："不用，因为你不懂我们的暗号。"

我笑了："还有暗号？"

"是呀，每天晚上八点，母亲就会守在电话旁等我的电话，其实也不是真的打，只是让电话响几下，不用接通的，这样不用交电话费。"他笑着给我解释。

我依了他，把他的手机从他破旧的衣袋中取出来，放在他左手掌心。那是个老旧的手机，直板的。这时，他直着手臂，艰难地用右手唯一可以活动的中指，吃力地摁着键盘，一下一下地摁下去。

电话响了几声，然后，我看见他把手机挂了。

"说说你的暗号吧！"我实在是好奇。

"响一下挂了，表示我'忙'；响两下挂了，代表我'很忙'；响三下挂了，表示'我平安'；如果响四下挂了，则代表'我想回家'。"

"那你刚才让它响了几下？"

"三下。"

打完电话后，他脸上露出了微笑。我能想象出，此刻，远在家乡的那位母亲，脸上一定也洋溢着灿烂的笑容。

他的故事让我感动许久。我情不自禁地将他的故事告诉了医生。医生一下子就急了："难道他疯了？刚给他接的手指骨，告诉他千万别那样做了，手会落下残疾的。"

我听后，唏嘘不已。嗯了一声，转身走了。

第二天，我没有按时出院，而是找了个借口，又在那个病房里住了半个月。

这半个月，我做的唯一一件事情，就是替他给他的母亲发"暗语"——每天晚上八点钟，准时拨通一个电话号码，让它响三下，然后很敏捷地挂掉。

为什么短裤和长裤一样贵

□贝小戎

> 比如物业费，其中应该包括电梯的电费，住一楼的不使用电梯，是不是可以少交一点？

夏天到了，如果去买短裤的话，你大概会发现，短裤并不比长裤便宜，一条基本上也要两百元。这很奇怪啊，短裤明明比长裤用的布料少，为什么价钱没有更低？薯条的小份、大份，咖啡的中杯、大杯，不同内存的手机，价格都是不一样的，为什么裤子就不是这样？是因为商家懒得制定不同的价格吗？这是不是像坐公交车，有的线路无论你乘多少站，票价都是一样的，这是为了减少制作不同面额车票的成本、卖票的麻烦程度？

《先生》杂志就此采访过一位设计师，他说，短裤用的布料跟长裤其实没多大差别，一条裤子可能需要1.6码（146厘米）的布料，一条短裤需要1.3码。所以说，短裤虽然看上去比长裤要短一半，但用的布只少20%。如果布料是10美元一码，这点布只相差3美元。

长裤和短裤使用布料相差不多，是因为需要布料的地方主要在腰部而不是腿部。对短裤来说，腰部使用的布料比长裤还多。做衣服时，主要的功夫也都在腰部。比如剪裁和缝线，所有复杂的东西都在顶部。衣服的价格还跟劳动力成本有关，而做短裤跟做长裤需要的劳动力是一样的，因为短裤也需要腰和口袋。

你可以拿出一条短裤和一条长裤，把里子翻出来看看，注意看缝线的位置，以及裤腰、门襟、口袋等复杂的区域。跟这些地方相比，裤腿只需要很简单、很直的缝线。对裤子来说，复杂的结构、精致的细节才是成本所在，裤腿是最容易缝的地方。

按照这样的道理，短袖衬衫应该跟长袖衬衫一样贵，不过不像短裤和长裤的价格差异那么明显,因为长袖衬衫有袖口之类的东西,贵一些更说得过去。这种事商家希望你倒着想:以短裤为基准,长裤并没有比短裤多卖你钱。有的东西越小还越贵呢,比如手机、电脑,把它们做得更小,更考验技术。

看上去大小有差别,价格却没差别的,还有什么?比如物业费,其中应该包括电梯的电费,住一楼的不使用电梯,是不是可以少交一点?

成本决定价格,但除了平均成本,还有一个边际成本,在一些生产流程中,边际成本比平均成本要低,平均成本随产量的增加而下降,这样就可以形成规模经济,商家只要能以边际成本高的价格多卖出一个单位的产品,利润就会增加。比如同样的航段,周末的机票可能要比工作日便宜,因为工作日出差的多,他们可以报销。周末自费出行的多,他们对价格更敏感,就便宜点吸引他们买。

《牛奶可乐经济学》一书中说,"从堪萨斯到奥兰多的往返机票,比从奥兰多到堪萨斯的往返机票要便宜,因为如果你是从堪萨斯飞往奥兰多,你可能是要去度假,你可以选择的目的地很多,航空公司要争夺这类生意。因为大飞机的飞行成本更低,航空公司可以降低票价来吸引对价格更为敏感的顾客。可如果你是从奥兰多飞往堪萨斯,你可能是出差,或者是因为家庭原因出行,你没有别的目的地可选",贵了也要买。按这个道理,小城市外出都要比回去便宜一些。

餐厅里,有无限续杯,也有第二杯半价,会诱使本来只需要买一杯冰饮的人转而买两杯。第二杯半价给人以"第二杯是五折"的非常诱人的印象,但加上没有打折的第一杯,第二杯的实际折扣价格是七五折:本来一杯10元,两杯要20元,第二杯半价后两杯15元,每杯单价降到了7.5元。

你走进一家咖啡馆,看到一杯咖啡的两种售价。第一种是额外赠送33%的量,第二种是给你33%的折扣。买哪一种更划算?你可能会觉得,这两种价格没什么区别。但是你错了。两种售价看上去一样,但实际上,33%的折扣相当于赠送50%的咖啡,比第一种价格赠送得多,所以第二种价格对消费者来说更划算。

改变我命运的一块小石头

□李新勇

> 记忆力不好对创作的另一个好处是,我背不下别人写的东西,我可以保证我的每一句话都是原创。

读初中时,只要有男孩子的地方,就能听到"嚯、嚯""哈、哈"的操练声。

引火这一切的,是一部叫《少林寺》的电影。第一次看这部电影时,我还在读小学。李连杰在电影里的拳脚功夫,把观众从视觉到心理,都捶得服服帖帖,尤其像我们这样半大的毛孩,个个脑子里都有一个武林高手梦。

习武得拜师父。在那时候的横断山区安宁河谷,你可以拜木匠师傅学打家具,拜泥瓦匠师傅学砌墙,拜石匠学凿石磨子,拜铁匠学打铁,就是没有习武的师傅可供你拜。哪怕想习武想疯了,也只能根据电影里的动作加上自己的想象比画。为了学到更多的本事,我们把《少林寺》当武学经典,看了一遍又一遍。我们那时候不知道演员的动作具有表演性,以为那就是武术。只是在模仿的过程中我们也发现了许多问题,比如电影里和尚觉远的上一个动作跟下一个动作不连贯,在实践中完全照搬他的动作,只配挨打。为了弥补不足,我们往往创造性地发明了许多新动作。

到我上初中时,连女同学都张嘴"降龙十八掌",闭嘴"九阴白骨爪"。我也瞎练了两三年,我家的土砖头被劈断无数,地里的南瓜、白萝卜也惨遭荼毒。我爹盼星星盼月亮终于把我盼进初中,以为从此天下太平,却没想到没有他的管束,我变本加厉,抱定自学成才的决心,从蹲马步、鲤鱼打挺这样的基本功开始练起。

某日傍晚,我独自于学校操场的草丛中习练鲤鱼打挺。

就在我奋力起身,后背、后肩、后脑依次着地,只待借力"嘣"一下弹起来站直时,突然后脑勺一阵锥子刺穿般的疼痛,让我刚刚撑起来的半个身子,复又无力地仰躺下去。当时,眼睛发花,天旋地转,痛得想呕吐。

等我恢复意识后，我摸摸后脑勺，没有出血，可那疼痛的部位还是痛得钻心，摸都摸不得，指头碰上去像刀切在肉上。我估计地上有刀子或者钉子。在草丛里摸索，摸到一块比鸡蛋稍小一点的石头。刚才我的后脑勺结结实实地撞到这块小石头上了。

此后在长达3个月的时间里，我整天头痛，不能仰面睡觉，视物模糊，看黑板上和书上的文字都是重影。很长一段时间我既不敢跑步，也不能跳，连大声说话都会牵动后脑勺发出钻心的疼痛。我一代宗师的美梦，终结在了一块小小的石头上。我的记忆力直线下降，从前看一遍就能记住的内容，之后读3遍都不一定记得住，除非是我感兴趣的。

在闭塞的西部农村，谁都没有意识到，这就是脑震荡。学校离家十几公里，我是住校生，一个星期才回去一次，回去也不敢对父母说。直到大半年后，父母才从我的成绩报告单上直线下滑的成绩看出端倪。那时候已不太疼痛了，母亲带我去找乡下的赤脚医生开了一点外伤止痛药，涂擦以后有没有效果记不得，反正一年以后不痛了，视力也逐渐恢复，记忆力却一落千丈，直到现在也没有恢复。

想当初，我能一目两行，过目不忘，不管哪门学科，只要看一遍就能理解，碰上需要背诵的文字，别人还在大声朗读的时候，我已经能背；别人背诵的时候，我就用耳朵复习。成绩优异，兴趣广泛，无师自通地写了段相声，交给同学表演，在全县比赛中居然获得了二等奖。

我为记忆力的损伤付出了沉重的代价，初中毕业补习，高中毕业也补习。

在记忆力受到损伤后，我唯一的收获是，我发现我的想象力越来越好，在屋子里坐得好好的，心思早已在前往峨眉山或武当山的途中，神游万里，精骛八极，来去如风。起初我写诗，后来写散文，再后来写小说，从2005年开始，10年间，我出版长篇小说1部，中短篇小说集5部，总计200多万字。

记忆力不好对创作的另一个好处是，我背不下别人写的东西，我可以保证我的每一句话都是原创。

正因自知记忆力不好，从初中开始我就养成写日记的习惯，绝大多数是条目式的流水账，也有相对完整和独立成篇的，以备查阅。这些文字不一定要公之于世，也不一定示人。但白纸黑字，字字真实，句句坦率。我之所写，全是我之经历、我之所行、我之所言、我之所想。

数十年来，我多次回忆那个让我记忆力受到重创的下午，也许冥冥中上苍要让我的记忆力受到一些损伤，使我不得不用文字将生活中诸多有趣的事情，以及迷惘、痛苦和灾难记录下来，使之既是一份个人资料，也是一群人、一个时代的侧影。

那块小石头，虽然断送了我的好记忆力，但使我成了一个记录者和写作者。

在比利时看马背捕虾

□宋英豪

> 捕上来的虾引来了无数海鸟,它们才不管今天捕上来的虾是多还是少。

穿着蓝色开衫的艾迪坐在博物馆会议室的一张长桌边上,听我们讲话时,他会时不时侧着耳朵。因为常年在海上吹风,他的耳朵不好。可每当该他说话的时候,幽默的他总能把对面两个女孩给逗乐。

艾迪已七十多岁了,是比利时西部东代恩凯尔克硕果仅存的12个马背捕虾家庭中的一员。马背捕虾这项传统从16世纪开始,一度在比利时、法国、荷兰等沿海国家流行,但如今只剩下东代恩凯尔克还保留着。

2014年,马背捕虾被成功列为联合国人类非物质文化遗产名录。

当地人从16世纪开始骑马捕虾,除了冬季,渔民们会在退潮的时候骑马进入海水较深的水域,撒网,然后策马回岸上,拉回大批小虾,卖给当地居民。收成好的年份,一年能捕上1000公斤。艾迪说,之所以东代恩凯尔克能成为最后的守夜人,是因为这里的水域浅,而且没有遮挡,容易成为灰虾的栖息地。

捕虾用的马是一种比利时马,这种马个头不高,肚圆腿粗,结实异常。在刚瑟先生的马场,我们看到他的马亲昵地用嘴蹭他的脸颊。这些马也许并没特别之处,但是马尾巴都被剪短了,防止拖到海里。事实上,经过两个月的训练之后,它们中的大部分都会显得异常温驯。马和人之间的默契配合,也是联合国考察这个项目的一个重要原因。

第二天虽然下起小雨,但出海计划照常进行。不断有驮着主人的马车从斜刺里走出来,汇入捕虾大军。他们当中,有像艾迪那样的老人结伴同行,有刚瑟先生那样的中坚力量,也有像艾克先生那样刚从大学毕业的小伙子。

"我喜欢捕虾时候的独处,和马一起,在海里,我爱那份宁静。"当问到为何从事这份工作,艾克答道。

在捕虾活动中,马的秉性得到了异样的彰显。人们不需要它的速度,而是与人的默契,以及在冰冷的海水中的耐力。因为把刚瑟先生给我的齐腰高筒靴留在了远处,我索性也把鞋袜一脱,跳入水中,直接感受九月的海浪。嘿,还真是有点冷得彻骨啊!我只在海水里待了二十来分钟。

捕上来的虾引来了无数的海鸟,它们才不管今天捕上来的虾是多还是少。人们在筛子里初步挑选,然后把一些小鱼小蟹扔回海里。

坐着马车,我们从海边回到了刚瑟先生家里。他用非洲一种防腐木生起了炉子,开始准备水煮灰虾。于是,我们开始了第二道工序,给灰虾过滤,去掉沙子。有两个男人开车过来,那是马克和他的朋友,他们和刚瑟先生一起,都有一份在布鲁塞尔当消防员的工作。今天是顺道过来看望同事。

啤酒打开了,所有的灰虾也都放进大锅里,院子里开始飘出一股香味。据刚瑟先生说,过去老人都喜欢在海上就把虾就着海盐给煮了,那样的虾最新鲜,而且容易保留长久。

灰虾的学名是crevetms,个头小,但肉质结实、味道鲜甜。我们在距离此地几公里的尼尔餐厅,已经品尝到了厨师用灰虾吊出来的鲜美无比的高汤,以及类似番茄灰虾盅、炸虾卷之类的美食。

这种美食的做法,艾斯特米一家在20世纪初的上上一辈,已经在伦敦一家知名餐厅里不知烹饪了多少遍。

"先在距离头部第二节的位置上下拧一下,听到虾壳被扯断的声音后,转为抓住虾头,另一只手从尾部一直往外扯,就可以把整个虾皮都褪出来。"刚瑟先生手把手教我们如何剥虾皮。一开始并不熟练,但经过几乎一锅灰虾的熏陶之后,我最终可以熟练地掌握了。

我后来才知道,刚瑟先生还有一份工作是木匠。木生火,刚瑟先生就化身为消防员;而消防员的力量来自海水,那是生活之本。

NBA 替补席潜规则

□ 篮球球迷汇

> 虽然坐在替补席视野开阔，是看球的最佳位置，但估计谁也不想长期坐在这里。

走哪儿都得论资排辈，NBA也是。众所周知，球场上有核心老大，更衣室有精神领袖，而替补席也有许多潜规则。当主力球员在场上浴血奋战、挥汗如雨的时候，替补席球员也要时不时摇旗呐喊，为球队加油助威；当暂停期间球员下场休整时，就该是饮水机守护员表现的时刻了。我们来聊聊NBA替补席的一些潜规则。

首先来看替补席座位的分配。NBA比赛都有主客场之分，主队会坐在技术台的右边，客队的替补席会在技术台的左边。一般来说，第一排的替补席会有14个座位，而如何排次序就很有讲究。通常教练席在靠近场中央的位置，而越靠近的位置就是球队核心，往外依次是替补、末流轮换以及边缘角色，坐不下的时候，小弟就要坐在地上。

虽然坐在替补席视野开阔，是看球的最佳位置，但估计谁也不想长期坐在这里。长期坐在替补席上的球员不是在伤病恢复期，就是随时会被下放、交易，忍受颠沛流离之苦。

联盟在2005年就推出了着装规定，坐在替补席的球员，可不能随便穿衣服。如果本场进入了12人的大名单，就需要穿比赛服或者训练服；而那些没有被激活，或者是养伤阶段的球员，就需要穿西装、穿正式着装，而不能随心所欲，想穿啥就穿啥，这是为了保护NBA的品牌形象而规定的。

联盟在2009年就规定替补球员，必须坐在板凳上看比赛。但是当主队打出漂亮的配合以及精彩的进球时，替补席球员可以站起来舒展筋骨，欢呼、击掌、庆祝一番，但只可以短暂站立，不能一直戳在那儿，挡着后面观众的视线。

比赛期间替补席球员不能随意走动，不能去观众席和球迷接触，也不能使用任何电子设备。球队也不能使用正在进行的比赛数据和信息，此举一方面是为了让所有人都集中精力，保证球队内部的团结，当队友在场上血拼时，你却在玩手机，显然不合适；另一方面也保证了比赛的公平性，当然球员可以去技术台查看个人数据。

当球场上发生冲突时，替补席任何球员不能进入场地，否则就禁赛一场。NBA历史上发生过不少打架斗殴的事件，造成了非常严重的后果，都是惨痛的教训。由于球员都十分强壮，为了避免事态升级，将无辜人员牵扯其中，替补席球员坚决禁止上场，不管你上去干什么。

如今NBA在这方面已经做得非常完备。

替补席球员不能提前退场。观众眼看到了"垃圾时间"，就可以提前离场，但球员不可以。他们是职业球员，必须具备职业素养。不管主队是大胜还是惨败，他们都需要等到终场哨声响起的那一刻，既是尊重队友和对手，也是尊重未退场的观众。

荷兰人的书香生活

□ 羊乃书

> 尽管现在越来越多的人偏爱电子书,但荷兰人不然。

孟德斯鸠有言,"喜欢读书,就等于把生活中寂寞的辰光,换成巨大享受的时刻"。这句话用来形容荷兰人,一点也不为过。不管在咖啡店、公园还是各类交通工具上,随处都能看见正在读书的荷兰人。

据统计,74%的荷兰人有阅读习惯;出版业异常繁荣,全国有2500多家出版社;各城镇分布有1500家书店,5分钟路程最多竟可见近20家书店,图书销售总量多达4500多万册;荷兰人在图书、报纸、杂志和文具上的年消费总额为63.5亿美元。从这方面而言,荷兰可谓"书香国度"。

为了"鼓励"阅读,政府也推出了不少有意思的活动,每年3月举办的"荷兰读书周"就是其中之一。自1932年起,读书周陪伴着荷兰人已经走过了八十多年光景。读书周前半个月,宣传的报纸广告就躺在了荷兰人的信箱里,向每位荷兰人发出加入这场阅读盛事的热情邀约。读书周每年变换主题,还会选出一本荷兰作家、学者撰写的优秀著作作为赠书——只要人们在各大书店购买一本12.5欧的荷兰语书,就可免费得到这本指定赠书。

2002年荷兰铁路公司成为读书周的主要赞助商后,赠书开始有了更有意思的功用。读书周期间,荷兰国铁会指定一个周日为"火车读书日",这一天只要你手持赠书,便等于拥有了一张火车通票,可免费搭乘火车畅游全国,在荷兰任何城市间往返。

这似乎也结合考虑了荷兰人的阅读习惯——事实上,超过70%的荷兰乘客都有在火车上阅读的习惯,每列火车专门设有"无声车厢",并在车窗玻璃上明确标示。在这节车厢里，乘客禁止交谈，意在为想要安静读书的乘客创造更舒适的环境。

荷兰人很节俭，这一点在买书上也有所体现。除了常常光顾售卖新书的书店外，荷兰人对二手书店也情有独钟。一本普通的新书价格不菲，少则也要15欧，若是印刷精美，价格更是一路攀升。二手书店的价格则相对温和，能让爱书之人在同等预算中多收获几本至宝。

不只是书店可以买书，更大规模的旧书市场简直是荷兰人的"福地"。代芬特尔在荷兰的艾瑟尔省，这里每年8月第一个周日的"旧书市集"闻名遐迩，堪称欧洲最大的露天书市。沿着城中的艾塞河，书摊蜿蜒成几条长龙，近千个摊位上铺着堆着全是书，寻书人摩肩接踵，却不见喧闹。买到心仪的书时，有人甚至站在路中央、坐在路边、倚着栏杆，便忘情地读起来。爱书如痴，令人兀自感动。

此外，不少荷兰人还有订阅过期杂志的习惯。"阅读圈"是荷兰小有名气的专门订阅过期杂志的公司，客户可订阅从新出版到过期12周的杂志。你可以任意选择过期周数，当然价格也就随过期时间增加而递减。公司送货上门，订户有一周的阅读时间，然后由公司收回，送到下一个订户手中。杂志在订户手中传递，直到满12周。此时，杂志内容可能过时，并且途经多人之手已存在程度不一的破损，最后一位订户可选择低价购买或由公司收回统一处理。

尽管现在越来越多的人偏爱电子书，但荷兰人不然。在荷兰生活了大半年之后，我发现从荷兰人住家临街的窗户望进去，总能看到一个大书橱，不少人直接将书橱摆放在客厅，以家中有藏书为荣。他们不仅爱读书，也把书籍当作送礼的好选择。

我的助理是荷兰莱顿大学汉学系大四的学生，他说他和家人都保持着阅读的习惯，而且更享受手捧纸本书籍阅读的快乐。生存在这个纸书式微，电子书蓬勃兴盛的交替时代，荷兰人说他们虽然无法预见未来，却有权利守旧。

手　表

□余秋雨

> 铮铮铮的手表声，究竟是对生命的许诺还是催促？我想，在万籁俱寂的深夜，这种声音很难听得下去。

那时我十三岁，经常和同学们一起到上海的一个公园整理花草，每次都见到一对百岁夫妻。

公园的阿姨告诉我们，这对夫妻没有子女，年轻时开过一家小小的手表店，后来就留下一盒瑞士手表养老。每隔几个月卖掉一块，作为生活费用。但他们万万没有想到，自己能活得那么老。

因此，我看到的这对老夫妻，在与瑞士手表进行着一场奇怪的比赛。铮铮铮的手表声，究竟是对生命的许诺还是催促？我想，在万籁俱寂的深夜，这种声音很难听得下去。

可以想象，两位老人昏花的眼神在这声音中每一次对接，都会产生一种嘲弄时间和嘲弄自己的微笑。

他们原本每天到公园小餐厅用一次餐，点两条小黄鱼，这在饥饿的年代很令人羡慕。但后来有一天，突然说只需一条了。阿姨悄悄对我们说："可能是剩下的瑞士手表已经不多了。"

我很想看看老人戴什么手表，但他们谁也没戴，紧挽着的手腕空空荡荡。

这对百岁夫妻，显然包含着某种象征意义，十三岁时的我还很难解读，却把两位老人的形象记住了。

慢慢长大，我会经常想起，但理解却一次次不同。

过了十年，想起他们，我暗暗一笑，自语道：生命，就是与时间赛跑。

过了三十年，想起他们，又暗暗一笑，自语道：千万不要看着计时器来养老。

过了五十年,想起他们,还是暗暗一笑,自语道:别担心,妻子就是我的手表。当然,我也是妻子的手表。

天分很重要，没有也别害怕

□连　岳

> 没有天分没有关系，把能做的分内事做好，也能胜出，世上绝大多数事，并不需要天分。

有天分，练一练，帕瓦罗蒂。没天分，练到极致，不过是会唱歌，成不了世上最好的男高音。有天分，苦练，王羲之。1700多年过去了，比书圣勤奋的人有的是，谁能超过他？

各领域顶尖的选手，包括考上北大的学霸，他们取得的成就，是多重原因导致的结果，天分不可或缺。特别聪明的孩子，是基因的随机选择，可遇不可求，不愿意承认这点，甚至刻意否认这点，那对自己、对孩子，都将滑入一种典型的冷暴力：定下了一个能力无法达到的目标，穷尽方法、无比勤奋，最后都是失望，将使人不停地否定自己，最后失去自信与自尊。

勤奋，人人做得到。好一点的高中，高三孩子哪一个不勤奋？方法，也不神秘，教科书上都写着，一遍遍刷题，老师也重复多次。真的，差别就在天分。有天分的孩子，看懂教科书，再难的题也信手解开，老师都得请教他。没天分的孩子，熬到下半夜，最难的那几道题还是没办法。

多数人是没有天分的，接受这个事实，才能够心理健康，才能够幸福快乐。毕竟，自己和孩子没天分的概率是高的。就是许多北大生，最后也会接受这点，他们在更高的平台上又见识到了更牛的天才。

NBA著名教练波波维奇，非常重视防守。他的理论基础就是：进攻得分，天分非常重要，努力了也未必行；但防守，是脏活累活，只要想做，就做得好，把精力放在做得到的事上，效率更高。

这策略也很适合人生。没有天分没有关系，把能做的分内事做好，也能胜出，世上绝大多数事，并不需要天分，比如，一个孩子，整洁、有礼貌、眼里有活、能够站在他人的角度考虑问题，他就能得到几乎所有老板的喜爱，而这些品性，完全可以训练得到，不需要进攻天分，只需要做好这些防守的"脏活累活"就行了。

早年听过一事，某人拜访一日本企业，在等候董事长接见时，一位中年女性动作熟练地泡好茶水递上，但她的神情木讷，仿佛机器。后来董事长解释，她是自己一位好友的女儿，智障人士，好友亡故时托付给自己。他想，与其单纯地照顾她，不如训练她几项简单的技能，于是让她反复学习端茶递水，这工作反正需要有人做，她最后也能做，是多好的事，天国中的亡友知道的话应该也很开心。

一个人没有天分，确实有点遗憾，但是早一点接受现实，其实更有利于自己，你总能在世上找到适合自己的位置。你是没有天分，但你的智力正常，有勤奋、有方法，上不了顶尖的大学，可以上一般的大学，成不了杰出的企业家，但是可以成为出色的员工。

有天分，值得恭喜，没天分，也不必害怕，只要你能找到适合自己的位置。

最可惜的事是，有天分，却浪费了，收获懊悔。最痛苦的事是，没天分，却硬要，收获焦虑。

斤斤计较不伤情

□ 郁　乃

分钱必争，这就是日本社会的习俗。

到日本后听人说，日本的习惯，是饭后茶毕均摊付账，算到小数点后几位才罢休，且男女平等。总是半信半疑，觉得友人夸大其词。直到我亲眼看见过后，才确信无疑地咽着口水压惊。

一次到汉堡店用餐，邻桌是一对年轻的恋人。只见他与她面面相对，男的双目紧盯着桌上的两个汉堡，两杯可乐，一包炸土豆条。屈指算着各自该均摊多少钱。不知道是脑力不够，还是小数点后的四舍五入太难算，只见他嘴里翻滚着一堆数字，两颗眼珠子快要垂直跌落到土豆条里。

对面的女伴一脸焦虑，担心男友算不过账又不便插嘴帮忙，多少顾及男人死要面子的秉性。好半天，男的才算好了账，只见女的把该摊的钱递给男友，松口气，于是两人才四目相对，满面柔情地吃起汉堡。这对20岁左右的情侣，吃着说着，忽见男的又脸肉僵硬地对女友说，她应再付他10日元才对。女的顺从地再掏出钱包，摸出一枚硬币放到男友面前。

分钱必争，这就是日本社会的习俗。如果此剧换在中国东北，我想女的非把两个汉堡像手榴弹一样投向男人不可，然后拂袖而去。换了香港女人，更会从嘴里直射"导弹"，把男人击倒。后来，我又亲自经历过一件斤斤计较的琐事。那是我留学日本几个月后的事情，留学生会馆里的一位日本男生，约我去东京西郊的公园赏秋。平日里在餐厅，他总是和气地先跟我打招呼，常和同桌边吃边聊。不像那几个日本女学生，搬进馆里住的目的，就是找白人男生练英语。我愉快地答应了这个叫下田的日本男生的邀请，周日跟他去郊游。

约好地铁车站售票口见,当我如约赶去时,下田手里握着自己的车票,等我买票。因为要中途换车,我站在售票口,仰着脖子去看那些密密麻麻的价格换算表。我转身向下田求援,让他再买一张票,我付钱给他。下田却伸手先取了我的钱,才去帮我买票。

平生最厌恶的小气男人,偏偏让我在一个本该浪漫的日子里碰上了。为了不失信,我心中极不情愿地草草结束了那天的短旅。后来,我虽然仍礼貌地与下田打着招呼,却再也提不起兴趣去碰撞他那对原本还算可爱的小眼睛。一颗微型小气弹,炸得我心灰意冷,远远地拒绝了他的热情追求。

年复一年地在日本住下来,入乡久了,俗也就随得多了。一次和几个女友吃午餐,结账时,那个叫田中太太的太太(台湾人,随夫姓叫田中太太)遂心应手地从包里掏出个小计算器,聚精会神地算了起来,我和另外两个日本太太耐心地守在收款机旁。可能是小数点后的数字不好算,只见田中太太的两道眉毛,扭成了一条麻花。另外两个日本太太像和尚打坐,声在肚里,运气暗算。看着三个女人的辛苦,我忍不住大概算了个数报给田中太太,被她摇头否决,直到大家摊派不差一二日元才罢休。回去的路上,田中太太用她那没有卷舌音的普通话,语重心长地教导我:在日本,大家谁也不能欠谁一分钱,越是亲朋好友越要算得清楚。你要准备一个袖珍计算器,随身携带。

"你真漂亮"里的外交攻防

□卿　晨

> 攻防进退之间，只听得赞美声一片，节节升级，要始终保持清醒，绝非易事。

"你真漂亮！"这其实是一句稀松平常的赞美，真诚和技术的含量都不算高，可是对全球女人，都几乎有不可抗拒的杀伤力。

即使在以理性为本的外交圈，依然不例外。外交圈是不起硝烟的战场，夫人堆儿就是第二战场，简直处处险情。新人入场，便是一片利箭似的眼光洗礼。这时候看准时机的一句"你真漂亮"，堪称增信释疑的最佳利器。

于是乎，一句"你真漂亮"，配以适度的微笑，可以做前锋，在社交场上杀出一条生路。在横扫大多数的时候，切须谦虚谨慎。

譬如某夫人，远嫁加勒比的法国美女，其夫是该国第四号人物，每次出场都上报纸社交版头条。这种角色，万不可拿"你真漂亮"这类没有技术含量的话来应对。某一回确感时机成熟，握手时我凑到她耳边道："我可真爱你这对耳坠子！"夫人冷艳的面孔终于绽开一朵花："嗯，这是某某设计师的作品。"过了一阵，她从人堆里挤过来："我家游艇周末出海，要不要一起去？"

马失前蹄的时候也准有，那是对应急本领的大考验。第一回见某德高望重的老夫人，老夫人笑眯眯地从身后拉出一位美女：我儿媳妇。是真美女，让人眼晕的那种。"哇噢，太漂亮啦！"没人会觉得我虚伪。老夫人笑得十分得意，又拉出一个来：我女儿。"哇哦……"差点卡壳，心里默默打自己一个耳光：嘴太快！这两位，长相差距实在有点大。于是，半秒钟内拐个弯："您老福气真好！"

"公主"大约已经习惯了别人的这种对比震撼，给了我半个白眼，一脸"你还算会说话"的表情。涉险过关，一身冷汗。

进攻绝非单向,对手也会反攻,且来者不善,段位也不低。攻防进退之间,只听得赞美声一片,节节升级,要始终保持清醒,绝非易事。

某日担任驻外大使的先生决定在官邸办一次宴会。这次颇下了点决心,因为要请的客人都是记者,而且是经常对中国有些小噪音的记者。主客都心照不宣,嘴是最忙的,吃饭的功能退居次要,说话的功能大幅提升。打笔仗易,面对面开口叫板,总会犯难。人同此心,故而接近尾声,居然宾主尽欢。

这时右手边一位男士,突然低声做耳语状:"我一直想问个问题,你不会生气吧?"该来的还是来了!本夫人身为资深外交新闻官,脑中那根弦瞬间紧绷到极致,简直铮铮有声,不过脸上依然僵着微笑,做愿闻其详状。对方一脸小小的坏笑:"刚才我一进大门,就看见一位非常美丽的女士。你难道就没得过中国小姐一类的桂冠?必须说真话!"这一拳打得稳、准、狠,且完全令人措手不及,堪称拍马屁之巅峰。我镇定数秒,才顾得上防守反击:"我哪里能得着?中国女士有多漂亮,你去看看才知道。你对中国太不了解了!"

然而不得不承认的是,被人这么夸过,还是很窃喜的,要不怎么单单记得这一段呢?而说这话的人,姓甚名谁长成什么样,我真是一点印象也没有了。身为对手,这算他的最失败处。

跑步救了我

□冯　唐

> 跑步，你救过我两次，如今是第三次救我。

我中学的同桌一直生得壮实，以前常住美国，最近常住北京，常运动，总发给我各种她跑步的路线图，路线图总在我生长的垂杨柳附近，总说一起去跑步，毫无私情，仿佛小时候在八十中、三里屯附近溜达。有次我正巧在，于是一起去，从广渠门向南，沿着护城河外圈跑到永定门，再换到护城河内圈折返，一身汗，又一次深切体会到你的好处。

跑步，你救过我两次，如今是第三次救我。

第一次是在小学。我从小多病，小学三年级之前总被父母带着去复兴门附近的儿童医院，那个儿童医院很大，后来我熟悉得常常指点父母哪里是哪里。小学三年级之后的一个班主任充满常识，很严肃地和我谈，身体这样下去不行啊！我说，这样，以后我走路的时候就跑，一路小跑，跑习惯了，身体或许就好了。后来，我就严格执行了，从小学门口到我家，跑十分钟，我的书包叮当作响，我跑上三楼，跑进家，我爸的炒菜就上桌了。后来，我真不用去儿童医院了。

第二次是在军校。我在念北大之前，在信阳陆军学院军训了一整年。到军校报到的时候，我身高一米八，一百零八斤，一年之后，离开军校的时候，一百五十斤。在军校，每天早上六点起，跑半小时步，再吃饭；每顿早饭，两个馒头，每个馒头比我脑袋都大。

一年军校的底子让我吃了二十年，这二十年的运动只有：念书、思考、饮酒、写作、开会、坐车、乘机。我到了四十岁前后的时候，发现，底子吃没了，再不锻炼，不行了。还是一百三四十斤，但是和以前的分布不同了，二十年前是一棵树，抵抗万有引力，昂扬挺立，现在是一口袋劈柴，顺着万有引力，就坡下驴。还是念书、写作，但是两三个小时之后，腰背就痛得叫喊，再也没有物我两忘、晨昏恍惚的状态了。

所以又想起在过去救过我两次的你，重新开始跑步。

跑步给我带来十个好处：

第一，欣快。肉体运动，肌腱伸缩，坚持一段时间，内啡肽和多巴胺分泌加强，不用药品不用酒精，自然欣快。

第二，甜睡。跑到量之后，身体持续微微热，倒头便睡，一觉睡到天亮，做梦都梦到睡觉。

第三，能吃。跑完之后，洗个澡，真饿啊，上菜之前恨不得把筷子当成竹子吃了。等菜上来，狂吃，因为跑步已经耗掉了好几百大卡，心里毫无压力。

第四，能瘦。规律跑步之后，体重能抵抗年岁的压力。人过了四十，很多事儿逐渐看开，但是一觉儿醒来，发现腰身还能套进大学时代的牛仔裤，还有肉眼可及的髂骨和腹肌，还是会开心地笑出声来。

第五，去烦。与其一起撮饭，不如一起流汗。年纪大了之后，聚在一起常常不知道说些什么，尽管没去过南极，但是也见过了风雨，俗事已经懒得分析，不如一起一边慢跑，一边咒骂彼此生活中遇到的奇葩。

第六，感受。航空业的确已经发达很久了，行万里路不再是很牛的标准之一，但是很多小时候走过的路我们还没重新走过，和读老书一样，再走一次，再跑一次，很多复杂的感受会超出语言表达的极限。

第七，充电。长期写作一次次提醒我，不跑步不行了。一天写完五千字，如果不跑一小时，第二天完全写不出蹦蹦跳跳的段落和句子。

第八，放下。跑步能让脑子暂时停止思考，脑子的闪存清空，绝大多数的纠结抹平。如果还放不下，就再跑五公里。放下之后再拿起，心神中会多出很多新意。

第九，偶遇。我在跑步中遇上过黑莓、很多毛的狗、不知名的花、不知名的面目姣好的女子。

第十，独处。没有其他人，没有经常看手机的一个小时，胜却人间无数。

跑步，谢谢你。

怕被拒绝？被狠狠打过脸就好了

□张小七

> 仅仅是举个手，就可能得到面试机会，而我，却连这份勇气都没有。

我第一次被严重拒绝是在小学。那是一次班干部竞选，我高高兴兴地报名参加，一心想为班级服务。

竞选时，班主任让参选的同学站在讲台上，其他同学投票。五个人并排站在讲台上，班主任念着收集好的"选票"。我眼看着别的同学票数越来越多，自己却一票未得，不由得慌张起来。当班主任手中的票所剩无几时，我一遍遍地祈祷着"选我选我，哪怕一票也好"。很快，班主任宣布了当选人，而我依然没有一票。

我委屈又尴尬地站着，像一把雨后被人遗弃的伞，然后，我默默地不自觉地掉下了眼泪……班主任也没有料想到会出现这种情况，她转头对我说："没事，你再接再厉，明年还有机会参加竞选。"

这是我第一次也是最后一次参加竞选。我再也没参加过类似的活动，错过了当班干部、三好学生等所有的机会。在日常生活中，我常常会因为需要提出很简单的要求而紧张不已，总会把结局想得比实际严重得多：对方会冲我吼吗？会讥讽我说我傻吗？或者会把我从他们的圈子中踢出去吗？

我习惯了选择不会被拒绝的路，就像个盲人，择路前行。中学里，没有什么需要我去"表现"的，只要扎扎实实好好学习考上大学就行。到了大学，我很想改变自己，战胜被拒绝的恐惧。于是我在网上收集各种办法，读各类心灵鸡汤，然而那些虚无缥缈的文字是那么苍白无力，根本起不了实质性的作用。

很快就到找工作的季节了。我参加了一个企业的宣讲会，那是我很想去工作的地方。当人力资源说提问的人可以拿到面试直通卡的时候，很多人争先恐后地举手，我却胆怯了。若是在众目睽睽之下，举手没被选中，我该多丢脸？仅仅是举个手，就可能得到面试机会，而我，却连这份勇气都没有。

之后我又不自量力地参加了腾讯的校招笔试，但没进面试。小伙伴对我说："要不要一起去霸面？"（霸面就是笔试后未进入面试，心里不服气，直接前往面试地点，"强行"参加面试。）我脑子一热，跟着他去了。

辗转来到腾讯面试的酒店，我怯生生地说："我来霸面的。"人力资源让我去"霸面等候区"，那里黑压压的一群人，他们霸气腾腾，一脸杀气，来势汹汹，一个个跃跃欲试，脸上写满自信。他们对于笔试被拒绝的态度就是"要用实力证明给面试官看""喜欢就去霸，反正他们又不会打你""怕什么！就算失败，也绝不留遗憾"……

等了半天，人力资源过来通知："霸面的同学目前不安排面试，请上交简历，如果可以后续会有通知，但不保证一定有通知啊。"曾经的那些"拒绝"都算什么啊？来一次霸面，就知道什么叫劈头盖脸地拒绝了，残酷而冷厉，让你连喘息的机会都没有。

因为霸面的同学太多了，并且为了保护面试官，人力资源说："不允许直接找面试官，一经发现，就直接取消面试资格。"眼看着快到下午结束的时间了，仍然没有任何通知。我们从早上七点等到下午四点，背着背包整整站了九个小时，却没有任何机会。

来都来了，哪怕能见上一面也甘心啊！于是我偷偷地跟着一个面试队伍，试图混进去，结果人家数人数："怎么多一个？哎，你是哪里来的？""我就是来看看的。"我尴尬地赔了笑，继续转悠。由于前面去踩过点了，我知道大楼旁边有走火通道，于是偷偷从走火通道上去，从二楼开始一个一个房间地问应聘岗位的房间号。在询问的过程中，有一两个面试官怒吼："为什么不去门口找人力资源？"还有一些人嘲笑我："都快结束了，你回去吧。"

一路问到五楼之后，终于找到了面试官，我和他说明了情况，并且把简历交给了他，请求他能给我一个机会面试一次。面试官皱了一下眉，看着我慌张和期待的表情，点了点头。我激动得心都要跳出来了，完全不记得面试时自己说了什么。

晚上，面试官给我发了一条信息，意思是综合考虑之后，我还是没有达到要求，同时也认可了我的能力和勇气，希望我继续努力。对于这样的结果，满意其实也并不满意，但是我很满足。因为在被拒绝后，我第一次从壳里出来，敢于锲而不舍地去争取机会。

腾讯的面试到此为止，但是努力并没有终止。我继续找工作，继续不走平常的路子，而是拿着简历直接走进目标公司的大楼。前两次，我很快就被一脸严肃的人力资源拒绝了。我没被唬住，继续出击。见到第三家的人力资源后，我立刻诚恳地说："请给我一次面试的机会吧，我都已经到这里了。"她说："我们没有招聘需求，请回去吧。"我更加诚恳了："我真的很想来这里工作，我本身也是这个地方的人，就给我一次机会吧，拜托了。"她很无奈地对我说："我去通报一下。"部门主任接待了我，他说，我很优秀，也很有勇气，但不适合他们部门，并且热心地给我推荐了其他部门。

我去了他推荐的部门。这次接待我的主任脸上挂着微笑，她很耐心地听我介绍自己。我说其实我是一个很内向的人，但我认准的东西，就会努力去做。我们聊了很多，关于岗位，关于工作的热情，关于职业发展，甚至关于生活。临走，她暂时"同意录用"了，说还得跟上司商量，才能做正式决定。也许是我的热情感染了对方，也许是我踏入公司的勇气打动了对方，也许是我的能力让对方认可，几天后，人力资源给我发了一份录用通知。

我欣喜若狂。我从未想过自己的第一份工作，是以这种方式找到的！当没有了对拒绝的恐惧，感觉没什么可输掉的东西时，会发生很美妙的事。

后来，我依然遭到过拒绝，次数多了，我多了一句口头禅："无所谓，反正我不要脸。"挺心酸的一句话，但它时刻提醒我：不要把自己太当回事。被拒绝曾是我的诅咒、我的梦魇，多次阻止我追求梦想，但现在，我感觉自己已经把它逼到了角落里。也许生活就是这样，只有被狠狠地打过脸，才能坦然面对自尊被撕裂的感觉。

在马赛马拉被大象追杀

□朱一叶

> 我想起在斯里兰卡康堤逛的墓园,里边记录有逝者各种离奇的死法,印象最深的就是被大象踩死的了。

作为一个没什么目标,也没有计划的人,从来没想过有一天会亲自光临"动物世界"。直到从五百美元一路杀到三百美元,和黑人拳头碰拳头,嘴巴里叫着"Jambo"(斯瓦西里语,意为"你好"。)时,也并未对东非大草原的陆路旅行有任何期待。

出发的那天早上,我们坐上了一辆顶盖可以掀开的改装过的面包车,车里的座椅都包上了绿色的帆布,前方装着对讲机,看起来有点像要去野外探险的意思。

日落之前,我们到达了马赛人的村庄,晚上露营的地方就在旁边。这个村庄是由一个个低矮的小泥屋组成的。我们站在村子中央的空地上东张西望,不远的地方有牛群,有女人正在中间挤奶,她们和男人一样,没有留头发,只有紧贴在头皮上的卷曲小圈。小孩们散落在地上,就像幼小的动物一样可爱而自由。

没一会儿,大高个走了过来,他可真高,身材颀长,足足有一米九多,两条腿就像是两根黑色的筷子。他表情严肃,手上拿着一根长棍,腰上还别着一个木槌、一个长矛和一把刀,他的脖子上挂着塑料的小镜子和小梳子,还有各种各样的项链。手腕和脚腕上也有彩色珠子编织的链子,就连膝盖和手臂都不放过,也被彩色珠子的宽链子装饰着。他艳丽的橘红色披风,在他黑色皮肤的衬托下更加醒目。

没一会儿,就聚拢过来更多的男人,不知道从哪里冒出来的,就像是有着大披风的超人凭空降落在这片空地上,他们有着和这个大高个一样的身材和装扮。紧接着,他们就排成了一排,开始用嘴巴发出一种极富节奏感的声响,他们随着这样的节奏前行、跳跃,像弹簧一样离开地面。随后他们又为我们表演了钻木取火,大高个还从旁边的植物上摘下一片叶子，为我们表演用叶子打磨他的棍子。

我们四个游客分别被领进三个小泥屋参观，真不敢相信这些身材颀长的马赛人会住在这么低矮的泥巴房子里。一进去，除了看到一堆火，就什么都看不到了，待眼睛稍稍适应这昏暗的光线才发现屋子里还有一个女人和小孩，女人蹲在火堆前面，正忙着什么，就像没有看到我们进来一样，小孩蹲在角落，警惕地看着我们，他的眼白泛着光。马赛男人开始介绍他的房子，他的英语非常流畅，也没有奇怪的口音，声音高亢，充满自信。

他指着房子的一角说是卧室，指着火堆说是客厅，他说男人们负责放牧和保证部落的安全，女人们修建泥屋，挑水做饭，挤奶带小孩，一个男人可以娶好几个老婆，只要有足够多的牛羊来交换，一个老婆需要十头牛。还解释说他们常年喝奶和血，所以皮肤光滑细腻。

他一出那矮门，就迅速恢复了身高，也恢复了他们马赛人一贯严肃的表情，在门口挡着我俩，就像一个巨人挡着两个小矮人。

他从脖子上取下他的项链，说："买下它吧。"他将项链硬塞进了我的手里。

我看了一下问他："多少钱？"

他说："五十美元。"

我吓了一跳，他接着又取下了他的手链、脚链，又对我展示他的棍子、木槌，好像他浑身上下都是商品，一副不买点什么就别想走的模样。最后我从口袋里摸出来一张五百的肯尼亚先令，递给他说："对不起，我什么都不需要，这是给你的小费，谢谢你的介绍。"那个男人迅速地收下钱，就离开了。

司机和他的助手领着我们去露营地。土路的尽头就是硕大的落日，整个天空都被染红了，而我们在空旷的草原上，就像几个即将被点燃的虚弱剪纸。两个小男孩从果冻般的落日中"剥离"出来，越来越大，就像来自另一个时空，紧接着是他们的牛群走了出来，一串串铃铛的声音低沉而动听，我们在这幅标准的非洲画面中停止了抱怨，也忘记了颠簸一天的疲惫。每一个人都面带微笑，温柔而友善。

次日，天还没完全亮透，司机和他的助手就在门口呼喊我们，吃过简单的早餐，我们就出发了。

太阳在汽车的右侧升了起来，驱散着草原上的雾气，也驱散了车里困倦的气息。渐渐地，眼前出现一片金色的草原，缓缓起伏着，一直延伸到和天空相交的地方。斑马从汽车前方的路上成群结队地跳走，每一只都健壮饱满，身上的肌肉随着跳跃而微微颤动，黑白条纹在金色的草原上时髦极了。经过低矮的树林时，就会看到几只长颈鹿，它们悠闲地迈着步子，嘴巴不停地咀嚼着树叶。大象往往一大家子在草原上缓缓移动，第一次见到这么多各种大小的象，大的比我们的面包车还要大，悠闲地扇动着耳朵和尾巴，小的像头小猪一样可爱，甩着自己的鼻子，在成年大象粗壮的腿旁蹦蹦跳跳地前行。

司机又停了下来，路的左边有一片没有长草的空地，中央有一匹血腥的斑马，像是刚刚死亡，几只鬣狗耷拉着尾巴，正围着它啃食，旁边很多秃鹫站在地上，时不时地在空中盘旋，伺机过去吃上几口。

天上的云朵巨大而立体，在草原上投下影子，没有一个人不会被此刻眼前的画面打动，无论他来自哪里，从事什么样的工作，有多大年龄，穿什么样的衣服。

我怀疑人类最根本的审美观都来自这里。我们来到非洲大陆，都是一群离家十万年的游子，都是分离十万年的兄弟姐妹。草原不仅仅向我们展示优美祥和的一面，路上时常会看到动物的尸骸，这样的残酷在光天化日之下竟是那么理所应当，而那些野牛洁白的头骨，在阳光下也不再那样骇人，倒像是充满非洲气息的艺术品。

我们看到了各种各样的动物，司机渐渐不能满足于仅仅是远远地观看动物了，他将车开向象群，惹怒了一头巨型的成年大象——比我们的车还要大很多，它向我们狂奔而来，眼看着就要把我们踩个稀巴烂，我在车厢里吓得脑袋一片空白，大叫着"快跑！"我想起在斯里兰卡康堤逛的墓园，里边记录有逝者各种离奇的死法，印象最深的就是被大象踩死的了，我可不希望自己被大象追杀，再被踩扁。司机加速前行，直到大象离我们越来越远，他才哈哈大笑起来，可是车厢里惊魂未定的我们觉得这个玩笑一点儿也不好笑啊！

烤肉与烤肉，是不同的

□张佳玮

> 中国人烤肉时下料比欧洲人凶猛，大概是觉得不下猛料压不住肉本身的腥膻。

土耳其的许多东西，并非土耳其自产。比如土耳其浴本是罗马人的习惯，1453年君士坦丁堡被土耳其人拿下改成称伊斯坦布尔，萧规曹随开始洗澡，西欧人尤其是英国人便管那叫土耳其浴，很有数典忘祖的嫌疑。土耳其烤肉也不是土耳其习俗。

土耳其旋转烤肉，现在流行欧洲。抹足中东香料，随转随烤随割。所以每一片下来的肉都火候扎实、味道鲜美，只是容易腻。所以懂行的烤肉馆子会放上自制酸奶酱，再聪明一点儿的会自制泡菜。

东亚系的烤肉与希腊烤肉颇有类似处。韩国烤肉看来粗犷，其实很有讲究。好的韩国烤肉讲究五花带骨。肉也不是上火硬烤的：三层肉切薄，下韩国老式的法酒搅拌，加酱油和糖——最好是麦芽糖，然后葱蒜白芝麻和芝麻油一起上，大力搅拌入味。年轻人喜欢搅拌完直接烤，老人家信奉要这么腌三天。烤了之后，就是生菜卷来吃了，讲究点儿的韩国人另有蘸酱：苹果、柑橘、柠檬汁，取其清爽。但我真见过就着酸甜汁和大蒜一起吃的。

日本人烤肉最流行的是烧鸟。说来也就是鸡肉穿好，抹甜酱油来烤；讲究一点的做法，是鸡肉、日本酒与盐先腌过，蘸上自家酱料，为免油腻，酱料里有放山葵的，烤完后有下葱白的。烤鳗鱼是日本国技，说来神乎其神，连切带穿都要学几年，烤更是要学一辈子。说来也不易：鳗鱼滑溜溜，关西和关东切开方式还不同——因为某些传统日本人忌讳，觉得切鳗鱼仿佛剖腹，不吉利，切开后穿好，上了酱汁，烤。先头说土耳其的旋转烤肉，现在改得文明健康了，都用发热电炉焖烤；年轻人觉得健康卫生，老年人大叹失了风俗。我以前不懂，后来懂了。电炉焖烤，仿佛焖炉烤鸭，香，但不脆；烤肉须见了明火，表面才有美拉德反应的焦脆感，别有风味。日本人用炭火烤鳗鱼，鳗鱼脂肪融化滴落到炭火上，再被蒸发回来，如此循环，除了烤味，还有熏味，味道格外微妙。明火烤的鳗鱼配山椒与白饭，味道极鲜明丰满，又好过一般的烤肉。

意大利人似乎对明火烤格外在意。各色意大利馆子都会在菜单上标明"木柴炉烤"，恨不得请你去厨房看一眼木柴才罢。意大利乡下菜的确仰仗木柴：烤鱼，有明火和木柴，可以烤出焦脆的鱼皮，鱼肉也炙得入味，紧实鲜美；烤比萨，更加是木柴烤的天然高人一等，薄而精致，脆香入骨。

欧洲人吃牛排，口味大多偏生。亚洲人喜欢的火候是所谓文火慢炙，全熟的口感；欧洲人则喜欢血淋淋的感觉。这也不奇怪：法国人吃鸭子、兔子，酱料里有鸭血或兔血才够深度。我在佛罗伦萨吃过一次大T骨牛排，才懂其中妙处。表面明火烤得乌黑，一刀下去，只见肉被烤到分层，黑灰白红，五彩缤纷。外头香脆，下一层柔韧，再下头还渗血丝，肉汁与鲜味都被锁住，一言难尽的深邃。

中国人对这种烤法有点敏感，却也难怪。毕竟东西方人的蛋白质代谢方式不大一样，中国人吃了血淋淋的肉容易闹肚子；而且中国人烤肉时下料比欧洲人凶猛，大概是觉得不下猛料压不住肉本身的腥膻。《红楼梦》里林黛玉看史湘云们策划烤鹿肉，只敢哧哧笑。我跟法国人说这故事，他们也理解，"鹿有腥味，一般女孩子都受不住！"

但肉其实别有吃法。巴黎共和国广场附近有一家馆子叫"Melt"，据说是个比利时人和一个得克萨斯人合开的，里头做法很是奇怪：吹嘘自家牛排是花十小时烤的，最长可以烤十五小时。广东老火汤炖十五个小时我是信的，肉烤上十五小时还能吃吗？我去吃了，还真行：火候把握得好，肉是正正经经被烤得酥烂，不用刀，用叉子一撕就开，真正入口即化。脂肪厚的金枪鱼刺身与烤到透的牛肉，生熟两个极端，但在入口即化的这点销魂感上，那是差不多的。

何必等到失去，才后悔没有珍惜

□张皓宸

> 我跟朋友聊起他时，说他这一生舍不得太多东西，唯一舍得的，就是让我离开了他。

1

人一生会拥有太多东西，但衣柜容量有限，抽屉容量有限，心的容量也有限，所以需要经常来腾空一些位置，让新的进来。但有些人，衣服穿旧了，东西用坏了都舍不得丢，心里实诚地放着一个人，容不得虚掷。

舍不得先生说："东西和人一样，待在身边久了，自然就处出了感情。"

我4岁那年，舍不得先生把我从四川达州的小县城接到了成都，那是我第一次离开父母，也是第一次看见城市的样子。

舍不得先生是个天生的艺术家，他写得一手娟秀的毛笔字，他会用废弃的硬纸片订成一本簿子，写上字给我当生字卡，以致我在上小学一年级的时候，就已经认识了几百个字。

某天看见他书桌玻璃板下压了一张老虎图，我以为是他把客厅的日历给剪下来了，结果他告诉我是他画的，没学过画画却懂得用水粉，更夸张的是老虎身上细致的白色毛发都是一笔笔勾出来的。

除此之外，我10岁之前的头发都是他给我理的，每本新书的书皮都是他给我包的，养仓鼠的小窝是他给我搭的，就连自行车、台灯、计算器坏了，也是他给我修好的。

他拥有一切我无法企及的能力，活脱儿一个现实版的哆啦A梦。

2

在父母来成都之前，我跟舍不得先生一起生活，所以建立了非常深厚的情感。

从尿床后他给我洗床单，每天带我去楼下晨跑，辅导我写作业，用口水给我涂蚊子咬的包，到看电视的时候给我抠背，以及不厌其烦地喂我吃饭，舍不得先生的教育方法绝对是溺爱型，但好在我没有恃宠而骄。

说到吃，不得不说一下舍不得先生的倔脾气。他不喜欢下馆子，每当我在他面前说到在外面餐厅吃到的菜时，他总能默默记着，然后想尽办法学会那道菜，顿顿都做给我吃，结果从小到大我的主食就是各种啤酒鸭、炒虾、水煮鱼等高油量大菜。

六年级毕业后，同龄人都有了审美，当我因为体重被取了各种绰号后，才意识到吃这些大菜的罪恶。

初二那年，父母在成都买了房子，我自然要离开舍不得先生跟他们一起住，但好在离他家也就半小时车程。

还记得搬新家那天，舍不得先生给我打包行李，他从床底下拉出来一个铁箱子想让我爸带上，我打开一看，里面装满了我小时候的玩具和不穿的旧衣，我呛他说没用的东西就丢掉吧，他倒是执拗，抢回铁箱说："那我先给你保存着，等你老了看到这些可全都是回忆。"

他舍不得的还有很多，比如那本已经被我画花了的生字卡，他至今都垫在自己枕头底下。

爸妈买了车后想带他去外地逛逛，他偏说费油，不如在自己的"桃花源"里自在，还有他给我做的每一道大菜，自己都舍不得动一下筷子。这么多年，我犯了大大小小的错误，他也舍不得骂我。

脾气倔，对吧？

3

高三那年是我的黑暗奋斗期，每天睡五小时，疯狂背书。舍不得先生怕我妈照顾不好我，便每天走几公里路来我家做饭。让他就睡在我家，他不肯，开车去接他也不愿意，胸有成竹地说每天早上五点起床锻炼身体，这点儿路不在话下。

一模成绩下来后，危机感化成了彻头彻尾的压力，我坐在凳子上看着肚子上隆起的几层肉心烦。偏偏这时舍不得先生又端上来他亲手包的包子，我脑袋一热便拿他出气，嚷嚷长这么胖都是因为他给我吃太好了，明明不想吃，还偏给我做，没人喜欢胖子，老天才不会给一个胖子任何机会。

这一闹，把舍不得先生直接吓回了他自己家，一个星期都没出现。我心里对自己也怨恨，但就是克制不住，那几天，眼泪哗哗地掉，感觉差不多把后半生的都流完了。后来朋友的外公去世，葬礼上我看着宾客们围着水晶棺里的老人转着圈默哀，一下子心慌了，跑回舍不得先生的家，狠狠道了个歉。

高考结束，成绩还算理想。还记得刚上高三的时候，家里人就讨论过报志愿的问题，几乎一致建议我就留在成都，唯独舍不得先生高调支持我去北京。

填志愿之前，他专门找过我，语重心长地告诉我那个城市才能装得下梦想。他说自己年轻时在战场上立了功，回来就被派到北京，他喜欢那座城市，事业也顺风顺水，但为了把一家人的户口从村里迁到城市来，不得不回了四川。

惊讶他这段经历之余，我故意呛声："怎么，你舍得让我一个人去北京？"

他说："舍不得，但也没办法，觉得欠着你，我知道，你怪我从小把你当个女孩子养，把你宠太好绑太紧，你心里一定是怨我的吧，所以，走了也好，去看看外面的世界。"

听到这儿，话不多说，我抹了把眼泪就抱住他的脖子一顿哭，觉得自己就是个浑蛋，越是被给予太多爱，越是不着调地埋怨。

最后，我还是去了北京，但心里暗自起了誓，一定要把舍不得先生拽上飞机，让他回一趟北京。

4

来北京的第一年挺顺利，工作和写作都风风火火的。听我妈说舍不得先生几乎走哪儿都把我的书带在身上，尽管他根本看不懂，还总是装模作样地拿着放大镜来回读开头那两行，高度总结说这是讲年轻人的爱情故事的。

放假回去的时候，我特意去他的枕头下看了看，那本字卡据说被我弟撕烂了，取而代之的是我的书。我说他压在枕头下睡得不舒服，他偏要放着，我只好哭笑不得地又给了他几本，把枕头垫平。

看着家里被他补过好几次的皮沙发，用了几十年的玻璃柜，书桌下面那幅褪了色的老虎图，时间好像没走，我还跟那年腻着他的小孩儿一样。

我跟朋友聊起他时，说他这一生舍不得太多东西，唯一舍得的，就是让我离开了他。

我跟舍不得先生靠电话联络感情，起初是隔天打一次，后来工作渐渐繁重，他打来的时候我不是在开会就是在忙，到现在变成一周一次。

但时间久了，每次的话题都围绕"身体好不好""工作忙不忙""吃得好不好",于是我便失去了耐心,连那每周唯一的一次通话都觉得麻烦。只是他每每挂电话之前那句"我听听你的声音就好了"总是触到我的神经,然后我在心里把自己骂上一万遍。

好像总是这样,有了自己的世界后,亲情需要被随时提醒。看见故人去世才感叹家人老了要多多陪伴;看见一篇文字,听见一首歌,才会幡然醒悟自己对家人做得不够好。

或许我们只有真正失去了,才会懂得那些一辈子舍不得的人心里的担忧和怅然。

5

现在我一回家,舍不得先生仍会做一桌子大菜,只是味道不那么好了,因为他总是忘记放盐。我坐在他身边的时候,他也总会不自觉地把手伸过来给我抠背,只是没多一会儿他就低头睡着了,我看着他的头发又白又硬,像一根根鱼线,心里不是滋味。

电话里他呜咽着重复上一次的话题,我在说话的时候还经常"喂"半天,我以为是自己手机的问题,一看话筒声已经最大,再听着那一声声"喂",鼻子难免泛酸。

时常想起年少时,舍不得先生碰见熟人常去跟他们握手,我总会没礼貌地扳下他的手,不怀好意地盯着那些人,舍不得先生哭笑不得。

因为那个时候我心里觉得,他只能是我一个人的爷爷。

遇见百分之百女孩

□村上春树

> 她由东边往西边走，我从西边往东边走。那真的是四月一个美好的早晨。

四月一个晴朗的早晨，在东京时尚街道原宿的一个狭窄的小路上，我同一个百分之百的女孩擦肩而过。实话说，她不是那么漂亮，也没有哪一方面特别突出，衣服也并不特别。脑后的头发像是刚睡醒一样乱蓬蓬的。也不年轻，很可能有三十岁了，严格来说已经不能称之为"女孩"了。但是，从五十米远的距离我就能知道：她对于我是百分之百的女孩。当我看到她的那一刻起，我的胸就感到一阵震颤，嘴巴像沙漠一样干燥。

可能你也有自己理想型的女孩——脚踝很细的女孩，大眼睛的女孩，或者拥有相当漂亮的手指的女孩，或者你沉溺于慢慢花时间吃饭的女孩。当然，我也有自己的偏爱。有时候我在餐馆里会一直盯着邻桌的女孩，因为我喜欢她鼻子的形状。

没有人能坚持说他的百分之百女孩符合最先的预期类型。就像她那我喜欢的鼻子，我不能重塑出她的鼻子——即使她确实有一个。所有我能确切记得的事情就是她并不漂亮。真怪啊！

"昨天我在街上同一个百分之百的女孩擦肩而过。"我告诉某个人。

"哦？"他说，"漂亮吗？"

"不好说。"

"是你喜欢的类型吧？"

"我不知道，我已经记不得她了——无论是她眼睛的样子或者她胸的大小。"

"傻气。"

"对，傻气。"

"不管怎么样，"他变得无聊地说，"你做了什么？说话了，还是跟踪她？"

"嗯……什么也没做，就只是擦肩路过而已。"

她由东边往西边走，我从西边往东边走。那真的是四月一个美好的早晨。

我希望和她说话，哪怕半小时都很充足。就问问她的身世，再说说我自己。并且，我一定要向她解释这复杂的命运——为何在1981年4月一个晴朗的早晨，使我们在原宿的一侧街道上相遇。那里边肯定充满着和平时代的古董钟般的温馨秘密。

和她说完话之后，我们会去一个地方享受午餐，看一部伍迪·艾伦的电影，在宾馆的酒吧喝上一杯鸡尾酒……

这些潜在性叩击着我的心扉。

现在我和她的距离近至十五米了。我该怎样靠近她？我又该如何向她搭话呢？

"早上好，小姐。我能占用你三十分钟，和你说说话吗？"

简直荒唐啊！听起来就像一个保险推销员。

"对不起，请问这条街上有二十四小时营业的洗衣店吗？"

不，这还是一样荒唐。我一件与洗衣相关的东西都没带。谁会信我的话呢？

或许最简单的方法就是对她说："早上好，你对我可是百分之百的女孩哦！"

不，她不会相信的。纵然相信，她也不会想和我说话。她可能会说：抱歉，即便我对你是百分之百的女孩，你对我却不是百分之百的男人。我很可能会处于这样的境地。要真是那样，我可能不知所措，难以从这震惊的事实中恢复。我已经三十二岁了，人老了就是这般。

我们在一个花店前擦肩而过。一种小小的、暖暖的空气团触到我的肌肤。我感到地上的沥青是潮湿的，还闻到玫瑰的香味。我终究没向她搭话。她穿着白毛衣，右手拿着还未贴上邮票的白色信封。看来她是给某人写了信，或许还花了一整个晚上，从她睡眼惺忪的样子就可以判断出来。这封信有可能还装着她曾经所有的秘密。

我迈了几步回头时，她的身影已经消失在人海了。当然，如今我已经知道当时我该怎样向她搭话了。那会是很长一段话，虽然这样，我还是不能准确地向她传递出我的心声。我想出来的那些话一到嘴边可能就说不出来了。总之，那段话是以"很久很久以前"开始，以"你不觉得这是一个令人伤感的故事吗"而结束。

很久很久以前，有个地方住着一个男孩和一个女孩。男孩十八岁，女孩十六岁。男孩没有多么帅气，女孩也不是特别漂亮。无非是随处可见的平常而独孤的男孩和女孩。但是他们坚信世界上的某个地方住着自己百分之百的女孩和百分之百的男孩。是的，他们相信这样的奇迹。那个奇迹也确实发生了。

一天，男孩和女孩相遇于街角的一隅。"真神奇！"男孩对女孩说，"我一生都在寻找你。你可能不会相信，你对我是百分之百的女孩。"

"你也是，"女孩对男孩说，"你对我是百分之百的男孩。我在脑中描绘出你的每一个细节，而你和我想象中的一模一样。这真是像梦一样啊！"

两人坐在公园的长椅上，手拉着手互相说自己的故事，从早到晚。现在两人都不再孤单了，找到也被找到了百分之百的对方。找到百分之百的对方，被百分之百的对方找到，这是何等奇妙啊！比宇宙还奇妙！

当两人坐在椅子上长谈时，一个小小的、小小的怀疑触动了彼此的心弦：一个人的梦想这么容易就实现了，这么轻易就找到属于自己的百分之百，是不是好事呢？

就这样，两人的对话短暂平静后，男孩对女孩说："来测试一下吧——就一次。我们要真是一对百分之百的恋人，我们总会在某个时间、某个地点再次相遇，不会失败。那个时候，要是我们都知道对方就是自己的百分之百恋人，我们就马上在那里结婚，你觉得怎么样？"

"没问题，"女孩回应，"就这么办吧。"

就这样，两人分手了。男孩去往东边，女孩走向西边。

他们同意了这个测试，事实上，这是完全没必要的。他们不应该这样做，因为他们确确实实是一对百分之百的恋人，他们的邂逅就是一个奇迹。但让他们知道这些也并不是那么重要，年轻人就是这样。于是残酷无情的命运开始捉弄他们两人了。

一个冬天，两人都染上了季节性的恶性流感，在经过几周生与死的挣扎之后，两人过去的所有记忆都消失了。当两人醒来后，脑袋里空空如也，就像D.H.劳伦斯少年时代的贮币盒一样。

但他们两人都很聪明又极富毅力，通过坚持不懈的努力，重新获得了知识和情感，如羽翼丰满的鸟愉快地重返社会。哦，我的老天爷，他们成为如此正直的城市人，完全能够换乘地铁，能够在邮局寄快信，并且重新体验了百分之七十五或者百分之八十五的恋爱。

时光飞逝，男孩三十二岁，女孩三十岁了。

四月一个晴朗的早晨，男孩为了寻找一杯咖啡由西向东走来，少女为了买快信邮票从东向西走去，沿着那条同样的东京原宿街道。他们在路的正中间擦肩而过。失去记忆的微光瞬息一现，刹那间照亮了他们的心房。他们知道：她对于我是百分之百的女孩。他对于我是百分之百的男孩。

但是两人生长出的记忆很快就消失不见了，两人的话语也不似十四年前的那般清晰。结果两人一句话没说便擦肩而过，径直消失在人群中，永远，永远。

你不觉得这是一个令人伤感的故事吗？是的，我本该这样向她搭话。

读书可以改变的那部分命运

□杨熹文

> 有多少孤独的时光,是书籍赋予我绝对的安全。

1

我站在新西兰文化节的演讲台上,声音有一点颤抖。

我在宣布一个非常重大的事件,那消息经由我面前的话筒,变成振奋人心的一刻:属于新西兰华人的读书会终于成立,而我是会长之一,带着作家的身份。

我的身后是国会议员和文化领事,面前是令我睁不开眼的闪光灯。

我闭上眼睛,真怕睁开眼又回到两年前的景象。

那时我在新西兰的中餐馆里打工,顶着国内优秀大学毕业生的头衔,人人掠过我的面孔,只关心面前的桌子有没有被我擦得锃亮。

没文化的人最易拿金钱为人贴上阶级的标签,那一年我是最落魄也最沉默的那一个,温和软弱,看起来并不需要被赋予什么过多的关怀,又能承受相当的欺侮。

我在与朋友讲这段经历的时候,心中还颇有感慨:"人为什么可以这么冷漠?所有人都排挤我,逼得我在午休的时候独守休息室的角落,看完一本又一本书,那成为我每日半个小时的逃离。"

直到后来有了些积蓄,不必再去中餐馆用委屈换生存,每当遇到压力,朋友总是说:"去度假吧,去逛街吧,不要这么压榨自己了!"

我总是这样回复:"不,给我半个小时读书,那才是我需要的安全。"

有多少孤独的时光,是书籍赋予我绝对的安全。

去上班的巴士上,午休的桌子前,等车的间歇,或找一处清静的角落……一本书拨开沉重的孤独,让凌晨和午夜,雨天或晴天,都有了各自的美好。

读书先是我的安全，后又成为我的成长。

想起一次家庭聚餐，我那正读高中的表妹说："学习有什么用啊？我的同学辍学后去餐馆干活，几个月就当上了经理！每个月工资5000元！这不比考个好大学有用得多吗？"

一席话令所有人停下杯箸。

终于有长辈打破平静："读书有什么用呢？读书的用途，就在于让你看到，有些人，可能这辈子就只赚那5000元了。"

我后来才知道，原来超出5000元的那部分，就是读书可以改变的命运。

2

有过几年艰苦的时刻，在异乡独自打拼，整个人像浮萍一样四处漂泊，心也失去停靠的地方。没有亲人的拥抱，没有朋友的安抚，我唯一的坚持，就是读书。

几年中读过很多本书，很多次阅读都在碎片时间中发生。

还记得在求学时攒下课间时间飞速翻过几页书，还有在打工结束的夜路中奔回家去，一杯咖啡就着一本书的喜悦。

我从那些为自己"偷"出来的阅读时光中，读到了托尼和莫琳的坚持，读到了龙应台的温情，读到了欧·亨利的睿智，读到了汪曾祺的真实，读到了卡佛的另类……读到了这世间别处的生活，还有那其中的希望。

现在回想起来，那为阅读去寻找的时光竟是如此珍贵，令我在几年后读到严歌苓在异国求学时的经历而无比动容——她曾因为在巴士上忘情读书而落下为友人买的礼物，而我则是因为读到某个精彩的篇章坐过了一站又一站。

《当哈利遇见萨莉》的编剧诺拉·埃夫隆谈起阅读曾俏皮地说："有一种感觉叫'深海眩晕'，它指的是深海潜水员在海底停留太久而不知道海面在哪一个方向的感觉。浮出水面后，他可能会得潜水病，这是一种从高气压环境骤然进入低气压环境而致身体一时无法适应的病症。当我从书的深海浮出到现实的水面时，也会得这种病。"

其实，很多美妙的想法是从阅读中来的。我开始重拾写作的梦想，在做餐馆女招待的其他时间，把零碎的想法写在小纸条上，我那第一篇描述异国生活的文字就从阅读中来。

无论是那几年读的书，还是坚持把两年没日没夜的拼搏拿去做读文凭的学费，两种读书的形式，都赋予我一定程度的智慧和修养：我的写作事业终于开始，一篇文字变成几篇文字再汇聚成一本书。

我不用再做那个手忙脚乱的女招待，我可以成为专心写作的小作者，在艳阳天的沙滩上构思文章，那些年读过的书带我去过另一种人生。

我开始看到自己的书出现在畅销书的榜单上，开始接受合集的邀请，开始看到有朋友请我为新书作序，开始听到"杨老师"这样的称呼，开始学习接受新的身份，也开始站在舞台中央，话筒的前面，成为聚光灯下的那个人物……

这便是文字所给予我的超越那5000元的命运。

3

无法想象若那些日子里没有知识的填补，现在的自己会过着怎样的人生，是否还拎着抹布，拖着扫把，在老板的呵斥下小心翼翼，独自咽下委屈……

太多人对成功有种狭隘的认识，以为这只是金钱的另一种说法，然而成功却往往有着超越经济层次的意义，读书是性价比最高的成功之道，使人的物质与精神都渐渐走向丰盈，不再对自己所喜爱的事物失去掌控权。

有人问："读了那么多书也记不住，怎么办？"

三毛说过："读过的书，哪怕不记得了，却依然存在着，在谈吐中，在气质里，在胸襟的无涯，在精神的深远。"

深以为然。

也许读书改变不了全部的命运，但可以改变一部分，请用我们有限的生命，去牢牢抓紧可以为之努力的事情，并且尽力使它成为得以改变命运的那部分吧。

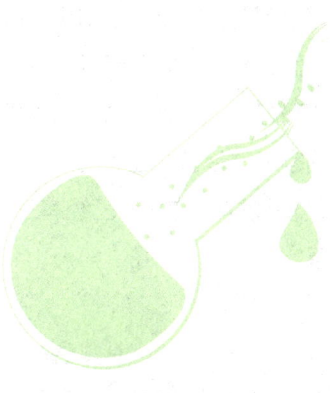

成年人就不要再用"原生家庭"当挡箭牌了

□嗯高凯

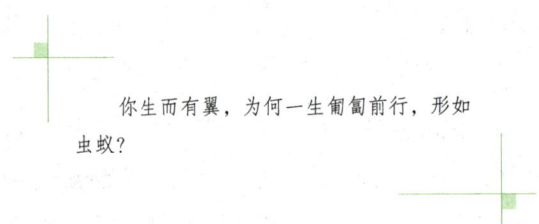

你生而有翼,为何一生匍匐前行,形如虫蚁?

大多数人的一生中都会有两个家庭。第一个是我们从小长大的家,另一个是我们长大以后,结婚成家的那个家,我们把第一个家叫作"原生家庭"。

在互联网上,可以看到无数专业、非专业人士积极地在传递着一个观念:"你的情绪、人格、行为模式、生活方式、价值观念出了问题。只是你不够幸运,有这样一个原生家庭而已。"

虽不完全否认,上述问题在很大程度上都有原生家庭的影响存在,但全部定性批判的这个行为,大多时候是草率的。

马东在《奇葩大会》上问:"我们最近经常听到有关于原生家庭的问题。在我们长大后,遇到的不顺心、不如意、改不掉的毛病、克服不了的性格、障碍,这些好像都和我们的原生家庭有着紧密关系,真的有那么严重吗?"

武志红回答说:"在我看来这件事情很严重。因为家庭是整个世界的浓缩,一个社会中的家庭,是整个社会的浓缩,这个人又是家庭的浓缩。我作为一个精神分析师,在其他精神的辅导下已经有三年之久,我成为现在的这个样子,跟我原生家庭的联系实在是太紧密了。第一,我们是在找原因,但这并不是在怪罪家庭。第二,这是可以改变的。"

心理学里有一个理论,其实生命力只有一种。当生命力被看见,它就可以变成好的生命力,比如爱、热情、创造力。当这个生命力没有被看见,就会变成黑色的生命力,它就会变成恨、攻击、愤怒、破坏。

如果孩子的生命力没有被看见,这就不叫爱,无论你如何认为,这都不是。

每当看到别人一提到原生家庭，就充满悔恨和怨恨，仿佛大错铸成，无法改变的时候。原生家庭被误解得太多了。

关于原生家庭值得思考几个问题：你从小最需要的，而最没有得到满足的一些心理需求是什么？你从小常常有的一些负面情绪是什么？你在哪一方面特别有情感过敏？

我找了几位不同行业、不同年龄段的朋友，在没有提任何有关原生家庭信息的前提下，他们的回答如出一辙，基本都与父母有些关系。

心理学家马斯洛的研究表明：人的生理需求得到满足，也就是吃饱穿暖之后，心里最大的渴望就是爱与归属感，它们像心灵的食物，若是得不到，便会令人感到空虚沮丧。因此，当我们深层的心理不被需求时，我们心中的归属感也将不会得到满足。

当未被满足的心理需求出现到父母（原生家庭）身上，负面情绪及情感过敏都是相互产生的。

你生而有翼，为何一生匍匐前行，形如虫蚁？发展心理学家Werner曾对698个孩子进行了长达32年的跟踪研究。在这个过程中她发现，那些经历过创伤与痛苦的孩子中，有一部分成长为"有能力、自信和充满关爱"的人，并取得了学业、家庭和社会意义上的成功。在对这群孩子人格特质的进一步研究中，Werner发现，这些孩子并没有什么特殊的天赋。只不过重要的是，这些孩子远比一般人更自信。

尽管我们都期待可以拥有"完美父母"或者"完美童年"，但其实我们都清楚完美从来都不存在。就像是否遭遇创伤，任何人也无从选择。

只有真实的人，才能做到敢于悲伤、敢于拒绝、敢于愤怒、敢于攻击，与这个世界敞开心扉交流。即使你曾感受到被忽视，你依旧可以做出改变，去需要，去渴望，去坚定地拥有某些事物与情感。

但现在不同，现在你是一个成年人，痛苦经常不再是一种真实的东西，而仅是你内在的一种感受，一旦你好好地去感觉它，让它在你心里流动，这种感觉就会成为一份能量。

不要把原生家庭当作不肯成长、不肯改变的借口。过去原生家庭中发生的一些事情，你不需要负责任。但现在，你所做的每一个选择，都要自己负责。

我们不是认输，只是放过了自己

□苏 芩

> 现在想来，那个年纪我真是倔强得不可思议！

从小，我就是一个很敏感的孩子。很容易被激怒，会因为不太感动的电影背着人哭得一塌糊涂，别人的一个眼神有时会让我愣上半晌……用长辈的话说："小小年纪，心事重重。"性格爽利干脆的妈妈，似乎并不欣赏我这样多愁善感的女儿，她总是鼓励我去跟班里那些个性像男孩的女生多接触。她给我剪极短的头发，只让我穿各种长短的裤子，给我买的衣服总以冷色为主。但这样并未矫正我敏感的情绪，而我也就这样一年一年地长大了。

因为体弱多病，加之后来转学，到了新的环境，我很害怕被同学欺负，也最讨厌恃强凌弱的人。记得小学转学至另外一所学校，班里有一个很淘气的男同学，最爱欺负弱小的同学，很喜欢看同学求饶的样子。因为一点点小事，我的手背被他的长指甲抓得血淋淋的。我咬着牙，昂着头，一脸豁出命去的表情。我的不服输，让他倍感扫兴。此后几年，我时常被他有意无意地踢一下、撞一下。我从不求饶，也不寻求帮助，似乎生怕老师教训那个男生，显得我弱小不堪只会打小报告。妈妈看到我手上的伤，惊问原因。我扯了个理由："做值日时被铁丝划的。"此后一段时间，妈妈和姨妈们总端详着我的手背担心："这么漂亮的小手，不会留下疤吧？"留疤我不怕，我只怕被人知道是因为我打不过别人才被印下这羞辱的疤痕的。

现在想来，那个年纪我真是倔强得不可思议！

初中时我有一个最要好的女同学，她成绩极好，但性格也极柔弱，常常被班里几个调皮的男生欺负。现在看来，说"欺负"有点严重了，在青春叛逆阶段，似乎很多人都有过一些讨人嫌的举动。越是成绩差的同学，越要跟她调皮一下：拽一下她的头发，故意踩一下她的新鞋子，恶作剧地在她的铅笔盒里放一只飞蛾……其实就是一种挑衅，以此彰显：我也有胜过你的地方！

那一次她又被恶作剧作弄了，在旁边的我终于忍不住爆发了，看着对面3个幸灾乐祸的男生，和他们约架："有本事你们仨中午别走！"他们当然有这个本事，三个高个子男生，俯视着我这样一个瘦得像一根小竹竿的女生，有啥不敢赴约的。

那天中午放学后，我把一脸紧张的她赶出教室，门一闩，就剩我们四个人。三个男生嘻嘻哈哈，嘴里吐着各种轻蔑的言辞，但都没有动手的意思，因为没人相信一个体育成绩从来没及格过的女生会干"单挑"这种傻事。于是先动手的必然是我，我甚至都忘了当初是怎么拳打脚踢的了，但必须承认，他们只是稍微应付了一下，他们任何一个真出力气，我都不是对手。但最终我那种决绝的眼神可能还是有些威慑力的，他们率先拉开教室的门，留下一句"好男不跟女斗"，一个个快步离开了。

从教室到校门的那几百步距离，眼泪一直在我的眼眶里打转，好姐妹在旁边小心翼翼地给我鼓劲儿："你要是哭了，就输了。"小孩子真是可爱，我就那么把脑袋仰起来对着天，迎着正午的太阳，把欲滴的泪水蒸发个精光。

可能连她也不理解，一件小事，何至于如此大动干戈？其实那时的我也不明白，只是觉得不打这一架，整个人都过不了这一关。

现在回想那个伪装强大的自己，实在弱小得让人心疼。

20年后我长成了现在的样子。回头细想，竟然完全无法把这两个人联系到一起。

不一样的，首先是性情。那时候我是阳光的，却容易被乌云遮蔽；现在我也是阳光的，坚信自己内心的阳光可以刺破阴云。

现在常有人问我："你的幸福秘诀是什么？""我呀，我这个人就是记性不好。"

曾经发脾气，三天五天哄不好；如今生气，5分钟后就觉得没必要。与朋友、亲人、爱人产生矛盾，大多数时候我成了主动退让的那一个。刚刚还吵得不可开交，10分钟后一扭脸："今晚咱们吃什么？"气得家人啼笑皆非："你刚刚还在跟我吵架呢！"

我常说，一个人的成熟和自信体现在他处理怒气的时间长短上。忽然明白自己和那时最大的不同是：我已经不再认为认输是一件没面子的事。

当不再需要靠别人的屈服来证明自己的强大时，才是一个人真正走向强大的开端。

现在的我平和多了，也懒散多了，老朋友总说："你没有之前那么强的好胜心了。"

我不反驳。其实当你得到了很多你想得到的东西，也知道有些东西即便努力也终究无法近身时，生活就变得简单多了。我们不是认输，只是放过了自己。

如今的我常常认错，也懂得原谅别人。这并非我比他人高尚。我不在乎在感情中把姿态放得很低，因为在其他方面，我有站得起来的能力！